JN232429

基礎がわかる電気磁気学

佐藤和紀［編著］

大山龍一郎
上瀧　實
春名勝次
金井德兼
髙畠信也［著］

朝倉書店

は　じ　め　に

　日頃電気磁気学を大学で教えてきた経験にもとづき本書を著した．第1章で述べるように，電気磁気学の成果は身近なところでいかんなく発揮され私たちは快適な日々を送っている．しかし，そのよりどころとなる電気磁気学については学生が理解するのに大変苦労しているように思われてならない．教える側からいえば，電気磁気学だけを講義すればよいが，受講する学生はいろいろな科目を同時に学ばなければならないことも承知している．このような事情を考慮して同じ思いをもつ教員が意を新たに本書の執筆を企てた．

　電気磁気学は物理学の一分野といってよいが，その内容は相当な広さと深さをもつものであり，加えてこれを実用的に応用しようとするとそれに見合った理解が要求される．その意味でさらに理工系の専門科目を学ぶためには不可欠であり重要である．したがって，書店においても立派な電気磁気学の教科書・参考書は多い．しかし，上に述べたわれわれの経験と反省に立ち，以下の点に特徴をもった教科書として本書を編んだ．

- 高度な理論的展開を排し，記述は要を得て簡潔なものとした．その結果，文章を極力少なくし図を多用して理解に供した．しかし，欠くことのできない点については，枠で囲むなどの注意を払った．図もできるだけ親しみやすいものになるよう心がけた．
- 電気磁気学を学ぶためには定量的に扱う手段として数学にたよるところが多くある．本書では学生諸君の多忙を考慮し，本書内で自己完結的に学べるよう第2章には電気磁気学で用いられるいわば数学の公式集，物理学の公式，代表的物理定数などを配置した．本書の読者は他の参考書にたよらずに基本は理解できるよう工夫した．
- 多くの教科書はその扱うべき内容をひととおりバランスよく配置しているのが普通である．これに対し本書では，われわれの経験から，本書が扱う内容のうち電気学に相当する分野に多くの章を割き，丁寧に解説した．学生諸君が最初の出だしでつまずくことが多い点に着目したからである．こうすることにより対象は異なるものの似た扱い方・考え方をすることが多い磁気学でも比較的容易に理解してもらえるものと期待している．

　今日のように情報化した社会では，電磁波による情報の伝達は不可避である．その意味で電磁波の理解は重要であり，電磁波のみを扱った教科書も多い．また，電磁波を用いた工学，すなわち電波工学や光波工学に関する書籍も多い．本書でも，電磁波についてその要点を省くことはしなかった．したがって，電気磁気学全般を網羅できたものと考えている．そのうえ，基本的なものに解説を限ることで，全

体の記述はできるだけコンパクトにしたつもりである．また，理解を助けるため例題や章末には演習問題も答えとともに配置した．このような考え方で本書をまとめたため，そのまま工業高等専門学校の諸君にも充分理解してもらえるものと思っている．そして本書が"わかる電気磁気学"としてさらに高度な内容へ進む橋渡しとなれば幸いである．

　各著者の電気磁気学に対する日頃の強い思いをふまえたため，厳密性や統一を欠くところがあったとすればその責はすべて編者にある．お許し願いたい．

　最後に，本書を執筆する機会を与えてくださった朝倉書店に深く感謝申し上げる．

2006 年 8 月

編著者　佐　藤　和　紀

目　　次

第1章　電気磁気学小史とその応用 ……………………………………………………………… 1
　1.1　電気磁気学はどのように作られたか ……1　　1.2　電気磁気学は何に使われるのか ………2

第2章　電気磁気学で使う基礎事項 ……………………………………………………………… 4
　2.1　指数関数と対数関数の計算 ……………4　　2.7　微分と積分 ………………………………12
　2.2　弧度法と立体角 …………………………4　　2.8　2階の線形微分方程式とその解 ………15
　2.3　三角関数の定義と基本公式 ……………5　　2.9　力学の要点 ………………………………16
　2.4　複素数 ……………………………………6　　2.10　波動方程式とその解 …………………17
　2.5　ベクトル …………………………………7　　2.11　付表 ……………………………………18
　2.6　座標系 ……………………………………10　　演習問題 ………………………………………20

第3章　電荷とクーロンの法則 …………………………………………………………………… 21
　3.1　誰も見たことのない電荷
　　　　—その考え方— ………………………21
　3.2　万有引力とそっくり
　　　　—電荷の間で働く力— …………………23
　　　　演習問題 …………………………………24

第4章　真空中の静電界 …………………………………………………………………………… 26
　4.1　クーロンの力から電界へ ………………26　　4.3　電界はエネルギーをもっている
　4.2　電界中の電荷に働く力と仕事 …………27　　　　—位置エネルギー— ……………………29
　　　　　　　　　　　　　　　　　　　　　　　　　演習問題 …………………………………30

第5章　ガウスの定理 ……………………………………………………………………………… 31
　5.1　ガウスの定理とは何だろう ……………31　　演習問題 ………………………………………37
　5.2　ポアソンの方程式がわかればラプラス
　　　　の方程式はいらない ……………………36

第 6 章 コンデンサ ································39
- 6.1 異符号の電荷は集まりやすい ·········39
- 6.2 コンデンサは電荷を蓄えるか ·········39
- 6.3 コンデンサをつなぐとどうなるか ······42
- 演習問題 ·································44

第 7 章 誘電体 ·································46
- 7.1 導体と絶縁体と半導体の違い ·········46
- 7.2 電気容量を変える誘電体 ··············47
- 7.3 誘電体中の電束密度とは ··············49
- 7.4 誘電体の境界では何が起こるか ······51
- 演習問題 ·································55

第 8 章 電位と静電エネルギー ···················57
- 8.1 電位はエネルギーから決められる ······57
- 8.2 コンデンサはエネルギーを蓄える ······60
- 8.3 電界と電位の深い関係 ··············61
- 演習問題 ·································63

第 9 章 電流 ·································64
- 9.1 電流は電荷の流れか ··················64
- 9.2 起電力とは何か ······················66
- 9.3 電気抵抗とオームの法則 ··············67
- 9.4 電流が流れれば熱も発生する ·········69
- 9.5 電気抵抗の接続とキルヒホッフの法則 ·································70
- 演習問題 ·································74

第 10 章 真空中の静磁界 ······················76
- 10.1 紛らわしい磁界に関するクーロンの法則 ·································76
- 10.2 磁界と磁位の関係は，電界と電位の関係と同じか ···············79
- 10.3 磁気双極子がどうしてもできる ······79
- 10.4 磁界はエネルギーを蓄えている ·······82
- 10.5 磁束についてもガウスの定理が成り立つ ·································83
- 演習問題 ·································84

第 11 章 電流による磁界 ······················85
- 11.1 電流と磁界はビオ・サバールの法則に従って関係する ···············85
- 11.2 アンペアの法則 ······················89
- 11.3 アンペアの周回積分の法則は微分形でも表現できる ···············92
- 11.4 計算に役立つベクトルポテンシャル ·································94
- 演習問題 ·································96

第 12 章 磁性体 ·································98
- 12.1 磁性体は磁化される ··················98
- 12.2 磁化と磁気モーメント ················99
- 12.3 磁性体間の境界条件とはどんなものか ·································100
- 12.4 磁気ヒステリシス曲線 ················101

12.5　回路の考え方で磁束を解析しよう ···· 101　　　　演習問題 ·· 103

第13章　電磁誘導 ·· 104
　13.1　コイルを通過する磁束と電磁誘導 ···· 104
　13.2　誘導起電力の向きとレンツの法則 ···· 105
　13.3　磁界内を運動する電子に力が働く ···· 107
　13.4　導線が磁界中を移動しても起電力を生じる ···································· 107
　13.5　磁界中でコイルを回転して交流を取り出そう ···································· 109
　13.6　自己誘導・相互誘導とインダクタンス ·· 110
　13.7　近くのコイルのつくる磁界の効果はインダクタンス ································ 112
　13.8　コイルにもエネルギーが蓄えられる ···································· 113
　13.9　磁界と電流間にも力が働く ············ 114
　13.10　電磁力で回転するモータ ············ 115
　13.11　磁界もエネルギーをもっている ···· 116
　13.12　磁気的なエネルギーと力の関係 ···· 117
　13.13　変圧器は磁束の回路だ ················ 118
　　　　演習問題 ·· 119

第14章　電磁波の正体 ·· 122
　14.1　ファラデーの法則と連続の式からマクスウェルの方程式へ ················ 122
　14.2　マクスウェルの方程式をもう一度整理してみよう ···························· 125
　14.3　電界と磁界はマクスウェルの方程式で結ばれる ································ 126
　14.4　だから波なんだ―自由空間における電磁界の波動方程式― ············ 127
　14.5　ポインティングベクトルは電磁波のエネルギーの流れを表す ·············· 130
　　　　演習問題 ·· 131

第15章　電磁波の諸性質 ·· 133
　15.1　身近な現象―反射・透過・屈折― ···· 133
　15.2　導体内では電磁波の存在は難しい―表皮効果― ···························· 139
　15.3　電磁波だって伝わるのには時間が必要だ―遅延ポテンシャル― ········ 140
　15.4　電磁波の輻射とアンテナの考え方 ···· 143
　　　　演習問題 ·· 147

演習問題の解答 ·· 148

さらに知りたい人のための参考文献 ·· 151

索　引 ·· 152

1 電気磁気学小史とその応用

1.1 電気磁気学はどのようにつくられたか

　名称からいえば，電気現象を扱うのが電気学であり，磁気現象を扱うのが磁気学である．この両方をいっしょにして本書が扱う電気磁気学あるいは電磁気学とよばれる学問となり今日に至っている．時を経て電気現象と磁気現象は密接に関係していることを人間は知るところとなり，現在ではこの相互作用の現象を含めた内容を電気磁気学で扱うのが普通である．

　電気現象と磁気現象とは，電気磁気学がつくられる過程の早い時期には没交渉に研究された．しかし，学問の一分野としてある程度定量化し体系化されたのは，人類の歴史から見てごく最近のことといってよい．たとえば太古の昔から稲妻は存在し光を発し音を発した．しかし当時にあっては，この現象は自然の神が怒った証であり，この立場からは本書で扱うことにはならない．ではこの電気や磁気の現象をいかに認識し，これを学問としてつくり上げてきたのだろうか．

　紀元前数百年頃にギリシャでは，摩擦した琥珀や磁鉄鉱が物を引きつけることが知られていたといわれる．しかし電気や磁気の現象に関して系統的に研究され始めたのは 17 世紀に入ってからである．1600 年代中頃にはゲーリケが摩擦起電機を製作，人類が電気を手に入れると，電気・磁気に関する研究は進んだ．1700 年代中頃にはフランクリンが凧による雷の研究から電気にプラスとマイナスがあることをつきとめ，同じ頃ミュッセンブルークがライデン壜を発明している．また，クーロンは 1785 年電荷間の力を定量的に研究し，クーロンの法則を見出している．ファラデーは静電容量を研究するとともに電荷間に働く力について直接作用するのではなく，空間を経由するとする近接作用説を提案した．この考え方は 1864 年マックスウェルの方程式に受け継がれることになる．彼はこの過程で電磁波の存在を予言し，1887 年ヘルツにより実験的にも確認されることになる．一方ボルタ

の電池により定常的な電流が得られるようになると，1820年エールステッドによって電流が磁界をつくることが見出され，また，ビオ・サバールの法則あるいはアンペアの法則などの研究が発表された．さらに，ファラデーは相互誘導に続いて自己誘導現象についても系統立てた．19世紀前半のことである．電気回路を扱ううえで不可欠なオームの法則も文字通りオームにより1821年にすでに発表されていた．こうして本書で扱う電気磁気学は20世紀を待たずにその大部分が形成されていた．

1.2 電気磁気学は何に使われるのか

ところで電気磁気学はどのように使われ応用されているのだろうか．具体的な応用例はきわめて多くこれらを網羅することは容易ではない．それぐらい応用範囲は広く，多岐にわたる．たとえば，読者が日常的に接するラジオやテレビをはじめ携帯電話，パソコンもその例である．ここでは"電気磁気学応用の樹"と名づけて，電気磁気学と関連の深い学問を含めて図1.1に示した．もちろん応用のすべてを網羅しているわけではない．

人間は自然，宇宙，地球，大気，海洋を注意深く観察し物理学をつくってきた．電気磁気学はこの物理学の一分野であり，これを基盤として電気磁気学は成立している．さらにその成果を人類は利用し，日々の生活を享受している．こうした太い幹から大きな枝を伸ばし，さらにその先に葉や果実としてわれわれの生活を便利なものとしている．"電気磁気学応用の樹"はこの様子を概念的に示したものである．2005年頃の樹である．そしてこの樹は現在も勢いよく成長を続けている．われわれの日々の生活の中でいかに多くの果実がみられるかを理解してほしい．

|　　　　　　　　　　　ナノ技術　宇宙旅行
|　　　　　　　　　　　有機 EL ディスプレイ
近未来　　　　　　　　燃料電池　ソーラーカー
|　　　　　　　　　　　ハイブリッドカー　プラズマディスプレイ
現在　　　　　　　　　光ディスク（光記録）　全地球方位システム（GPS）
|　　　　　　　　　　　インターネット　電子メール　IC カード（電子マネー）
|　　　　　　　　　　　青色発光ダイオード　惑星探査機　携帯電話　電波時計
2000 年頃　　　　　　シンセサイザー（音声合成）　衛星放送　マイコン（PC, パソコン）
|　　　　　　　　　　　スーパーコンピュータ　磁気断層撮影装置（MRI）　超伝導
|　　　　　　　　　　　ワープロ　電磁探査　液晶ディスプレイ　光通信　光ファイバ
|　　　　　　　　　　　デジタルカメラ　ビデオカメラ　サーモグラフ　太陽電池（太陽光発電）
|　　　　　　　　　　　電荷結合素子（CCD）　電卓　電子計算機　水晶時計　ビデオレコーダ　人工衛星
|　　　　　　　　　　　電子顕微鏡　航空機　ロケット　自動車　風力発電　リニアモータ　電子レンジ
|　　　　　　　　　　　ロボット　レーザ　電気掃除機　胃カメラ（X 線）　プリンタ　レーダ
|　　　　　　　　　　　集積回路（IC）　テープレコーダ（磁気記録）　レントゲン写真　新幹線　テレビ
1950 年頃　　　　　　トランジスタ　電子回路　コンデンサ　電池　光センサ　電子冷却
|　　　　　　　　　　　半導体　電気コタツ　電気冷蔵庫　電気炊飯器　電子ジャー　蛍光灯
|　　　　　　　　　　　トースター　抵抗器　スピーカー　変圧器（トランス）　ラジオ
|　　　　　　　　　　　固定電話　ファックス（ファクシミリ）　同軸ケーブル　ブラウン管
|　　　　　　　　　　　無線電信　磁気センサ　光学顕微鏡　フィルムカメラ　真空管
1900 年頃　　　　　　電池　電動機（モーター）　発電機（ダイナモ）　水力発電
1800 年頃　　　　　　コイル（線輪）　電磁石　ボルタの電池　定常電流　白熱電球
|　　　　　　　　　　　キルヒホッフの法則（オームの法則）　ファラデーの電磁誘導則
|　　　　　　　　　　　クーロンの法則　アンペアの法則　ホール効果　光学
|　　　　　　　　　　　電波工学　電波伝播　電磁波工学　電磁波（電波）
|　　　　　　　　　　　電気学　磁気学　マックスウェルの方程式
|　　　　　　　　　　　**電気磁気学**
1600 年頃　　　　　　一般力学
|　　　　　　　　　　　物理学
紀元前　　　　　　　　摩擦電気　磁気力
|　　　　　　　　　　　人間（人類）
|　　　　　　　地球　自然　大気　大地　海洋　宇宙　太陽　宇宙線　オーロラ　稲妻

図 1.1　電気磁気学応用の樹

2

電気磁気学で使う基礎事項

本章では，電気磁気学の基礎を理解する上で必要と思われる数学・物理等について基礎となる事項を整理している．第3章以降の内容を学ぶ際の理解に役立てていただきたい．

2.1 指数関数と対数関数の計算

常用対数と自然対数

対数 $\log_a x$ の a は対数の底といい，$a=10$ のときを常用対数（common logarithm），$a=e$ のときを自然対数（natural logarithm）という．自然対数の底 e は省略することができる．一般に，常用対数を $\log x$，自然対数を $\ln x$ と表示する．

常用対数：$\log_{10} 0.01 = -2$，$\log_{10} 0.1 = -1$，$\log_{10} 1 = 0$，$\log_{10} 10 = 1$，$\log_{10} 100 = 2$

自然対数：
$\log_e m = 2.3026 \log_{10} m$，
$\log_e x = \ln x$

われわれの身近な自然現象には，現象の進展が急速に起こる場合や，ゆっくりと進展する場合がある．前者を関数で表現する際には指数関数が向いている．一方，後者は対数関数が表現しやすいだろう．

a. 指数の性質

$$a^n = \overbrace{a \times a \times \cdots \times a}^{n\text{回}}$$

$$a^m \times a^n = a^{m+n}, \quad \frac{a^m}{a^n} = a^{m-n}, \quad a^{-n} = \frac{1}{a^n},$$

$$(a^m)^n = a^{mn}, \quad a^0 = 1, \quad (ab)^n = a^n b^n,$$

$$a^{\frac{m}{n}} = \sqrt[n]{a^m} = (\sqrt[n]{a})^m, \quad a^{\frac{1}{mn}} = \sqrt[mn]{a} = \sqrt[m]{\sqrt[n]{a}},$$

$$(ab)^{\frac{1}{n}} = \sqrt[n]{ab} = \sqrt[n]{a}\sqrt[n]{b}, \quad \left(\frac{a}{b}\right)^{\frac{1}{n}} = \frac{\sqrt[n]{a}}{\sqrt[n]{b}} \tag{2.1.1}$$

b. 対数の性質

$$\log_a 1 = 0, \quad \log_a a = 1,$$

$$\log_a(mn) = \log_a m + \log_a n, \quad \log_a \frac{m}{n} = \log_a m - \log_a n,$$

$$\log_a m^n = n \log_a m, \quad \log_a \sqrt[n]{m} = \frac{1}{n} \log_a m \tag{2.1.2}$$

c. 指数関数と対数関数の関係

指数関数は $y = a^x \longrightarrow x = \log_a y$ の対数関数に対応する．

2.2 弧度法と立体角

a. 弧 度 法 平面上における角度の表示には，一般に慣れ親しんでいる度表示［°］と，その他に弧度表示［rad］（ラジアンと読む）がある．たとえば，半径が $r=1$ の円において任意の回転角で円弧をみたとき，その円弧の長さ L が回転角に比例することから，そ

の角の弧度表示 θ [rad] は円弧の長さ L_1 を表す．すなわち，度表示の $180°$ は $L_1=\pi$ となるので，弧度表示の $\theta=\pi$ [rad] になる．[°] と [rad] の対応は，次のように表される．

$$1\ [°]=\frac{\pi}{180}\ [\text{rad}],\quad 1\ [\text{rad}]=\frac{180°}{\pi} \tag{2.1.3}$$

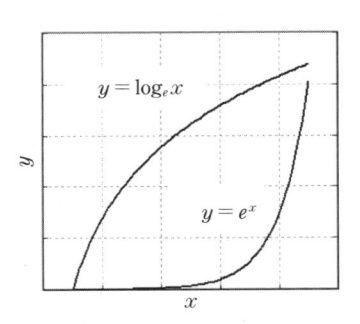

図 2.1 指数関数と対数関数の特性

平面における角の表現

平面においては，任意の長さ L についてある点 O から見たときに張る角 θ を定めることができる．すなわち，長さ L の両端 A と B について 2 つの直線 OA と OB の交わる角 θ [rad] は，点 O を中心とする半径 $r=1$ の単位円の円周から 2 直線が切り取る円弧の長さ L_1 に等しい．

図 2.2 平面における角の表現（弧度法）

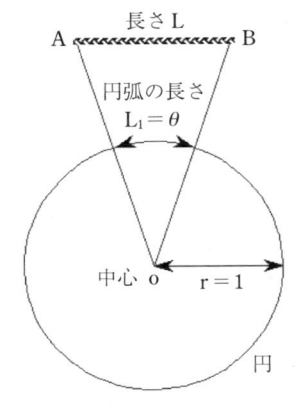

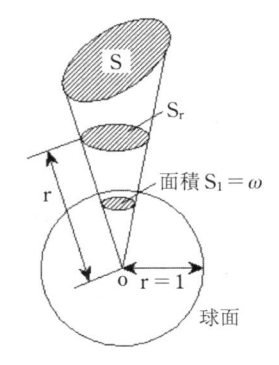

図 2.3 立体における角の表現（立体角）

b．立 体 角　図 2.3 に示すような立体的な空間においては，任意の面 S をある点 O からみたときに張る立体的な角を用いる．この角を立体角 ω [sterad]（ステラジアンと読む）という．立体角 ω の大きさは，点 O を中心とする半径 $r=1$ の単位球の表面から，点 O と面 S の外周とを結ぶ側面が切り取る面積 S_1 に等しい．すなわち，半径 r の球面から点 O と面 S の外周とを結ぶ側面が切り取る面積を S_r とすると，立体角 ω は次のように表される．

$$\omega=\frac{S_r}{r^2}\ [\text{sterad}] \tag{2.2.4}$$

たとえば，$30°$ の弧度表示は

$$30°=30\times\frac{\pi}{180}=\frac{\pi}{6}\ [\text{rad}]$$

$\frac{\pi}{3}$ [rad] の度表示は

$$\frac{\pi}{3}\ [\text{rad}]=\frac{\pi}{3}\times\frac{180°}{\pi}=60°$$

円と球の面積，体積
円周は $C=2\pi r$
円の面積は $S=\pi r^2$
球の表面積は $S=4\pi r^2$
球の体積は $V=\frac{4\pi r^3}{3}$

2.3　三角関数の定義と基本公式

a．三角関数の定義

$$\sin\theta=\frac{y}{r},\qquad \cos\theta=\frac{x}{r},$$

$$\tan\theta=\frac{\sin\theta}{\cos\theta}=\frac{y}{x},\quad \operatorname{cosec}\theta=\frac{1}{\sin\theta}=\frac{r}{y},$$

$$\sec\theta=\frac{1}{\cos\theta}=\frac{r}{x},\quad \cot\theta=\frac{1}{\tan\theta}=\frac{x}{y} \tag{2.3.1}$$

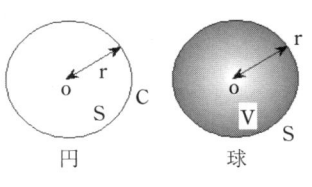

図 2.4　円と球の面積，体積

b．基本的な公式

$$\sin^2\theta+\cos^2\theta=1,\quad 1+\tan^2\theta=\sec^2\theta,$$

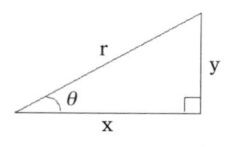

図 2.5 角と線分の表現

三角形の対角と辺

$\sin 30° = \cos 60° = \dfrac{1}{2}$,

$\sin 60° = \cos 30° = \dfrac{\sqrt{3}}{2}$,

$\sin 45° = \cos 45° = \dfrac{1}{\sqrt{2}}$

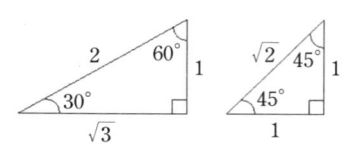

図 2.6 三角形の対角と辺（代表例）

$$1 + \cot^2\theta = \cos ec^2\theta \tag{2.3.2}$$

加法定理
$$\begin{cases} \sin(\alpha \pm \beta) = \sin\alpha\cos\beta \pm \cos\alpha\sin\beta \\ \cos(\alpha \pm \beta) = \cos\alpha\cos\beta \mp \sin\alpha\sin\beta \\ \tan(\alpha \pm \beta) = \dfrac{\tan\alpha \pm \tan\beta}{1 \mp \tan\alpha\tan\beta} \end{cases} \tag{2.3.3}$$

倍角の公式
$$\begin{cases} \sin 2\theta = 2\sin\theta\cos\theta \\ \cos 2\theta = \cos^2\theta - \sin^2\theta = 2\cos^2\theta - 1 \\ \qquad\quad = 1 - 2\sin^2\theta \\ \tan 2\theta = \dfrac{2\tan\theta}{1 - \tan^2\theta} \end{cases} \tag{2.3.4}$$

半角の公式
$$\begin{cases} \sin^2\dfrac{\theta}{2} = \dfrac{1 - \cos\theta}{2} \\ \cos^2\dfrac{\theta}{2} = \dfrac{1 - \cos\theta}{2} \\ \tan\dfrac{\theta}{2} = \dfrac{1 - \cos\theta}{\sin\theta} = \dfrac{\sin\theta}{1 + \cos\theta} \end{cases} \tag{2.3.5}$$

2.4 複素数

複素平面は，横軸に実数をとり，縦軸に虚数をとる平面である．**複素数** (complex number) は，複素平面における点で表現される．**虚数単位** (imaginary unit) は $j = \sqrt{-1}$ であり，$j^2 = -1$ となる．実数と虚数の2つの数を区別して同時に表示する際に，j は虚数軸の値であることを示す単位である．式 (2.4.2) は**オイラーの定理** (Euler's theorem) とよばれている．e は自然対数の底である．

共役複素数 (imaginary conjugate) は，複素数 $c = a + jb$ の虚数部の符号のみを入れ替えた $\bar{c} = a - jb$ である．

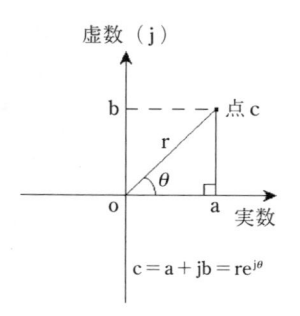

図 2.7 複素数の表現

a．複素数の表現 図 2.7 に示すように，実数軸の値（実数部）を a，虚数軸の値（虚数部）を b とすると，複素数は次のように表現できる数である．

$$c = a + jb \tag{2.4.1}$$

また，複素数は次のように指数関数でも表現できる．

$$a + jb = re^{j\theta} = r\cos\theta + jr\sin\theta$$

ここで，$a = r\cos\theta$，$b = r\sin\theta$，

複素数の大きさ $= \sqrt{a^2 + b^2}$，偏角 $\theta = \tan^{-1}\dfrac{b}{a}$
$$\tag{2.4.2}$$

b．複素数の演算

$$\frac{1}{j} = \frac{j}{j \times j} = \frac{j}{j^2} = \frac{j}{-1} = -j \tag{2.4.3}$$

$$(a_1 \pm jb_1) + (a_2 \pm jb_2) = (a_1 \pm a_2) + j(b_1 \pm b_2) \tag{2.4.4}$$

$$(a_1 + jb_1)(a_2 + jb_2) = (a_1a_2 - b_1b_2) + j(b_1a_2 + a_1b_2) \tag{2.4.5}$$

$$r_1e^{j\theta_1} \cdot r_2e^{j\theta_2} = r_1r_2 e^{j(\theta_1 + \theta_2)} \tag{2.4.6}$$

$$\frac{a_1 + jb_1}{a_2 + jb_2} = \frac{(a_1 + jb_1)(a_2 - jb_2)}{(a_2 + jb_2)(a_2 - jb_2)} = \frac{a_1a_2 + b_1b_2}{a_2^2 + b_2^2} + j\frac{b_1a_2 - a_1b_2}{a_2^2 + b_2^2} \tag{2.4.7}$$

$$\frac{r_1e^{j\theta_1}}{r_2e^{j\theta_2}} = \frac{r_1}{r_2}e^{j(\theta_1 - \theta_2)} \tag{2.4.8}$$

2.5 ベクトル

a. ベクトルの表現　図2.8に示すような直角座標系 (x, y, z) において原点Oから点Pの位置 (A_x, A_y, A_z) に向かうベクトルを数式により表現する際には次のように表す．

$$\mathbf{A} = \mathbf{A}(A_x, A_y, A_z) = A_x\mathbf{i} + A_y\mathbf{j} + A_z\mathbf{k} \qquad (2.5.1)$$

$\mathbf{A}$ の大きさと方向はそれぞれ次のようになる．

$\mathbf{A}$ の大きさ　$|\mathbf{A}| = \sqrt{A_x^2 + A_y^2 + A_z^2}$　(2.5.2)

$\mathbf{A}$ の方向（単位ベクトル）

$$\mathbf{e}_A = \frac{\mathbf{A}}{|\mathbf{A}|} = \frac{A_x\mathbf{i} + A_y\mathbf{j} + A_z\mathbf{k}}{(A_x^2 + A_y^2 + A_z^2)^{1/2}} \qquad (2.5.3)$$

ベクトルの代数については，和，差，スカラー倍が成り立つ．

$$\mathbf{A} + \mathbf{B} = (A_x\mathbf{i} + A_y\mathbf{j} + A_z\mathbf{k}) + (B_x\mathbf{i} + B_y\mathbf{j} + B_z\mathbf{k})$$
$$= (A_x + B_x)\mathbf{i} + (A_y + B_y)\mathbf{j} + (A_z + B_z)\mathbf{k} \qquad (2.5.4)$$

$$\mathbf{A} - \mathbf{B} = (A_x - B_x)\mathbf{i} + (A_y - B_y)\mathbf{j} + (A_z - B_z)\mathbf{k} \qquad (2.5.5)$$

$$\alpha\mathbf{A} = \alpha A_x\mathbf{i} + \alpha A_y\mathbf{j} + \alpha A_z\mathbf{k} \quad (\alpha \text{ は実数}) \qquad (2.5.6)$$

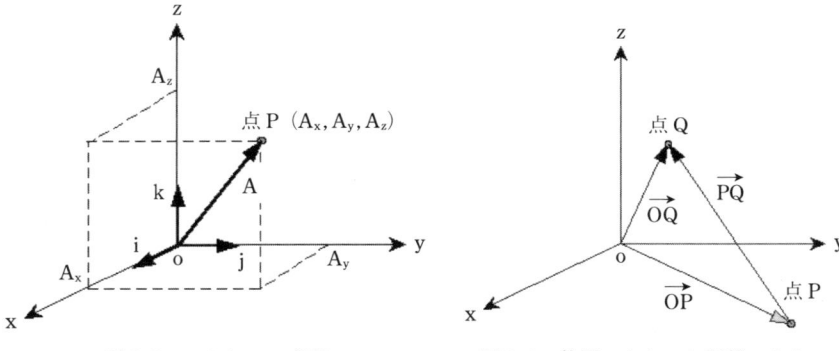

図2.8　ベクトルの表現

図2.9　位置ベクトルと距離ベクトル

b. ベクトルの内積　図2.10に示すような2つのベクトル $\mathbf{A}$ と $\mathbf{B}$ の内積は次のように表す．

$$\mathbf{A} \cdot \mathbf{B} = |\mathbf{A}||\mathbf{B}|\cos\theta = A_x B_x + A_y B_y + A_z B_z \qquad (2.5.7)$$

ベクトルの内積は次の性質をもつ．

$\mathbf{i} \cdot \mathbf{i} = \mathbf{j} \cdot \mathbf{j} = \mathbf{k} \cdot \mathbf{k} = 1, \quad \mathbf{i} \cdot \mathbf{j} = \mathbf{j} \cdot \mathbf{k} = \mathbf{k} \cdot \mathbf{i} = 0$　(2.5.8)

$\mathbf{A} \cdot \mathbf{A} = A^2 = |\mathbf{A}|^2$　(2.5.9)

交換則　$\mathbf{A} \cdot \mathbf{B} = \mathbf{B} \cdot \mathbf{A}$　(2.5.10)

分配則　$(\mathbf{A} + \mathbf{B}) \cdot \mathbf{C} = \mathbf{A} \cdot \mathbf{C} + \mathbf{B} \cdot \mathbf{C}$　(2.5.11)

c. ベクトルの外積　図2.12に示すような2つのベクトル $\mathbf{A}$ と $\mathbf{B}$ の外積は次のように表す．

ベクトル（vector）は，力や速度，電界，磁界などのように『大きさ』と『向き』という2つで定まる量を示す際に用いる表現である．一方，電荷や距離，エネルギー，電位など「大きさのみ」で定まる実数を**スカラー**（scalar）という．一般に，ベクトルはスカラーと区別するために太字（例えば $\mathbf{A}$）で表し，その大きさは絶対値の記号 $|\mathbf{A}|$ あるいはスカラー記号 A で表す．

・A_x, A_y, A_z は $\mathbf{A}$ の x, y, z 成分．

・$\mathbf{i}, \mathbf{j}, \mathbf{k}$ は x, y, z の各方向の単位ベクトルであって基本ベクトル（fundamental vector）という．

単位ベクトルは大きさが1のベクトルであり，ベクトルの方向のみを示す．

位置ベクトルと変位ベクトル　座標の原点Oと任意の点P (x_P, y_P, z_P) を結んだ有向線分 $\overrightarrow{OP}$ はベクトルとして表現できる．原点Oから点Pに向かうベクトル $\overrightarrow{OP} = x_P\mathbf{i} + y_P\mathbf{j} + z_P\mathbf{k}$ を位置ベクトルという．これに対して点Pが点Q (x_Q, y_Q, z_Q) に移動したとして，点Pから点Qに向かうベクトルは，終点（Q）−始点（P）より $\overrightarrow{PQ} = (x_Q - x_P)\mathbf{i} + (y_Q - y_P)\mathbf{j} + (z_Q - z_P)\mathbf{k}$ となる．これを変位ベクトルという．

ベクトルの内積（スカラー積：scalar product）は，2つのベクトルの有効成分を表現するときに利用できる．すなわち，$\mathbf{A} \cdot \mathbf{B}$ は向きの異なる2つのベクトルに対して，互いの有効成分の積を表現している．

たとえば，私たちは夏季と冬季で太陽光による熱の差を感じるのはなぜであろうか．これは地

表における太陽光の入射方向に大きく影響しているからである．すなわち，地表面の向きを表すものとして地面に垂直で大きさが1のベクトル **n**（単位法線ベクトル：normal vector）を用い，太陽光線を表すベクトルを **S** として $\mathbf{S}\cdot\mathbf{n}=|\mathbf{S}||\mathbf{n}|\cos\theta$ を求めると，冬季よりも夏季の θ が小さい（$\cos\theta$ が大きい）ので，地表への太陽光の有効成分 **S·n** は夏季の方が大きいことになる．このように2つのベクトルの内積は互いの有効成分を求めるのに利用する．

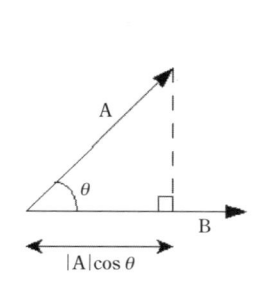

図 2.10 ベクトルの内積

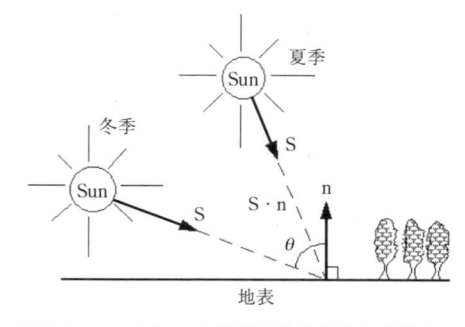

図 2.11 ベクトルの内積は有効成分を表現する

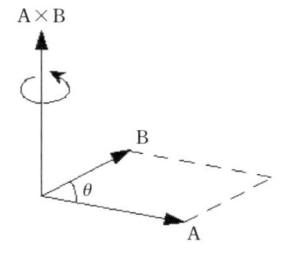

図 2.12 ベクトルの外積

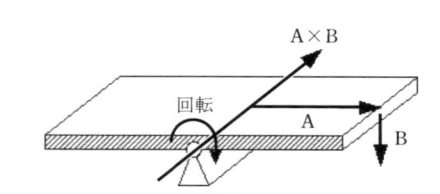

図 2.13 ベクトルの外積は回転方向を表現する

ベクトルの外積（ベクトル積）は，回転の有効成分を表現するときに利用できる．

A×B の大きさは，**A** と **B** を2辺とする平行四辺形の面積に等しい．

A×B の向きは，右ねじが **A** から **B** に回転したときにねじが進む向きに等しい．

たとえば，児童公園で見掛けるシーソー遊具についてベクトルの外積を適用してみよう．いま，シーソーの中心（軸）から板の端までの距離ベクトルを **A** として，その板端に下方へ力 **B** を加える．このとき，シーソーの中心軸は右回転しているように見える．この回転力を表現する際に，その回転方向に右ねじを廻すと，ねじが締まる（進む）向きに **A×B** がつくられることになる．

$$\mathbf{A}\times\mathbf{B}=\begin{vmatrix}\mathbf{i}&\mathbf{j}&\mathbf{k}\\A_x&A_y&A_z\\B_x&B_y&B_z\end{vmatrix}=\begin{vmatrix}A_y&A_z\\B_y&B_z\end{vmatrix}\mathbf{i}-\begin{vmatrix}A_x&A_z\\B_x&B_z\end{vmatrix}\mathbf{j}+\begin{vmatrix}A_x&A_y\\B_x&B_y\end{vmatrix}\mathbf{k}$$

$$=(A_yB_z-A_zB_y)\mathbf{i}-(A_xB_z-A_zB_x)\mathbf{j}+(A_xB_y-A_yB_x)\mathbf{k} \tag{2.5.12}$$

A×B の大きさは $|\mathbf{A}\times\mathbf{B}|=|\mathbf{A}||\mathbf{B}|\sin\theta$ （ただし $0\leq\theta\leq\pi$） (2.5.13)

ベクトルの外積は次の性質をもつ．

$\mathbf{i}\times\mathbf{i}=\mathbf{j}\times\mathbf{j}=\mathbf{k}\times\mathbf{k}=0,\quad \mathbf{i}\times\mathbf{j}=-\mathbf{j}\times\mathbf{i}=\mathbf{k},$

$\mathbf{j}\times\mathbf{k}=-\mathbf{k}\times\mathbf{j}=\mathbf{i},\quad \mathbf{k}\times\mathbf{i}=-\mathbf{i}\times\mathbf{k}=\mathbf{j}$ (2.5.14)

$\mathbf{A}\times\mathbf{A}=0$ (2.5.15)

反交換則　$\mathbf{A}\times\mathbf{B}=-\mathbf{B}\times\mathbf{A}$ (2.5.16)

分配則　$\mathbf{A}\times(\mathbf{B}+\mathbf{C})=\mathbf{A}\times\mathbf{B}+\mathbf{A}\times\mathbf{C}$ (2.5.17)

スカラー3重積　$\mathbf{A}\cdot(\mathbf{B}\times\mathbf{C})=\mathbf{B}\cdot(\mathbf{C}\times\mathbf{A})=\mathbf{C}\cdot(\mathbf{A}\times\mathbf{B})$ (2.5.18)

ベクトル3重積　$\mathbf{A}\times(\mathbf{B}\times\mathbf{C})=(\mathbf{A}\cdot\mathbf{C})\mathbf{B}-(\mathbf{A}\cdot\mathbf{B})\mathbf{C}$ (2.5.19)

d．ベクトルの微分

ハミルトン（Hamilton）の演算子

$$\nabla=\frac{\partial}{\partial x}\mathbf{i}+\frac{\partial}{\partial y}\mathbf{j}+\frac{\partial}{\partial z}\mathbf{k} \tag{2.5.20}$$

スカラー関数　$f(x, y, z) = x^2y + y^2z - xyz$ のような関数 f が空間の全域，またはある領域の各点 P(x, y, z) で一意に定義されるときに f をスカラー関数という．また，この領域をスカラー場という．場は空間のことである．

　ベクトル関数　$\mathbf{F}(x, y, z) = x^2y\mathbf{i} + y^2z\mathbf{j} - xyz\mathbf{k}$ のような関数 $\mathbf{F}$ が空間の全域，またはある領域の各点 P(x, y, z) で一意に定義されたベクトルであるときに $\mathbf{F}$ をベクトル関数という．また，この領域をベクトル場という．

　ベクトル関数の微分演算子 ∇ は，古代ヘブライ人が奏でた竪琴（弦楽器 nabla）に由来して「ナブラ」と読む．この微分演算子は空間微分を行う際に用いる．

　偏微分（partial differential）の表現には $\frac{\partial}{\partial x}$ のような記号を用いる．通常の微分（differential）の $\frac{d}{dx}$ のような表現と区別される．たとえば，$\frac{\partial}{\partial x} f(x, y, z)$ は関数 f が y と z 方向に変化しない一定値として仮定し，x 方向のみの変化を調べる場合に用いる．したがって，関数 f を変数 x のみで微分するという意味である．

　スカラーの勾配はベクトルを表現する．たとえばベクトル $\mathbf{r} = x\mathbf{i} + y\mathbf{j} + z\mathbf{k}$ について，その大きさ $r = |\mathbf{r}| = \sqrt{x^2 + y^2 + z^2}$ の勾配は

$$grad\ r = \nabla r = \left(\frac{\partial}{\partial x}\mathbf{i} + \frac{\partial}{\partial y}\mathbf{j} + \frac{\partial}{\partial z}\mathbf{k} \right) \sqrt{x^2 + y^2 + z^2}$$

$$= \frac{x}{\sqrt{x^2 + y^2 + z^2}}\mathbf{i} + \frac{y}{\sqrt{x^2 + y^2 + z^2}}\mathbf{j} + \frac{z}{\sqrt{x^2 + y^2 + z^2}}\mathbf{k} = \frac{\mathbf{r}}{r}$$

となる．すなわち，$grad\ r$ は変数 x, y, z に対して変化する r の最大傾斜の向き（この場合は $\mathbf{r}$ 方向に一致する）と，その傾斜の大きさを示すベクトルになる．

　ベクトルの発散はスカラーになる．$div\ \mathbf{F}$ は式（2.5.26）のガウスの発散定理より

$$div\ \mathbf{F} = \nabla \cdot \mathbf{F} = \lim_{\Delta V \to 0} \frac{\int_S \mathbf{F} \cdot \mathbf{n}\, dS}{\Delta V} \tag{2.5.a}$$

である．ここで，右辺の面積分 $\int_S dS$ はある面 S についての積分という意味である．$\mathbf{n}$ はその面に垂直な法線ベクトルである．$\mathbf{F} \cdot \mathbf{n}$ は $\mathbf{F}$ の $\mathbf{n}$ 方向成分であるから，この面積分は面 S における $\mathbf{F}$ の有効量（実数）を表す．また，ΔV は面 S によって囲まれた閉曲面内の体積であり，$\Delta V \to 0$ とすると体積が 0 になるので，単位体積当りという意味である．したがって，$div\ \mathbf{F}$ は閉曲面を通る単位体積当りの $\mathbf{F}$ の有効な流入，あるいは流出量となる．

　ベクトルの回転はベクトルになる．$rot\ \mathbf{F}$ の大きさは式（2.5.27）のストークスの定理より

$$|rot\ \mathbf{F}| = |\nabla \times \mathbf{F}| = \lim_{\Delta S \to 0} \frac{\oint_C \mathbf{F} \cdot d\mathbf{l}}{\Delta S} \tag{2.5.b}$$

である．ここで，右辺の線積分 $\oint_C d\mathbf{l}$ はある閉曲線 C に沿った積分という意味である．$d\mathbf{l}$ は閉曲線 C に沿った線分ベクトルであるので，$\oint_C \mathbf{F} \cdot d\mathbf{l}$ は閉曲線 C に沿って周回する $\mathbf{F}$ の有効量（実数）を表す．また，ΔS は閉曲線 C によって囲まれた閉曲面の面積であり，$\Delta S \to 0$ とすると面積が 0 になるので，単位面積当りという意味である．したがって，$|rot\ \mathbf{F}|$ は閉曲線を周回する単位面積当りの $\mathbf{F}$ の回転量となる．また，$rot\ \mathbf{F}$ の向きは $\mathbf{F}$ の回転が最大となる回転方向に右ねじが進む向き（回転軸）になる．

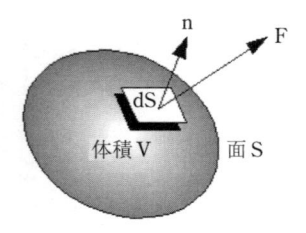

図 2.14 ベクトルの発散

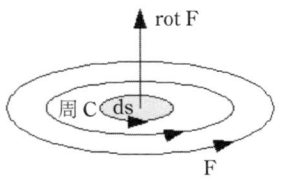

図 2.15 ベクトルの回転

スカラーの勾配（gradient）
$$\mathrm{grad}\, f(x, y, z) = \nabla f = \frac{\partial f}{\partial x}\mathbf{i} + \frac{\partial f}{\partial y}\mathbf{j} + \frac{\partial f}{\partial z}\mathbf{k} \tag{2.5.21}$$

ベクトルの発散（divergence）
$$\mathrm{div}\, \mathbf{F}(x, y, z) = \nabla \cdot \mathbf{F} = \frac{\partial F_x}{\partial x} + \frac{\partial F_y}{\partial y} + \frac{\partial F_z}{\partial z} \tag{2.5.22}$$

ベクトルの回転（rotation）
$$\mathrm{rot}\, \mathbf{F}(x, y, z) = \nabla \times \mathbf{F}$$
$$= \left(\frac{\partial F_z}{\partial y} - \frac{\partial F_y}{\partial z}\right)\mathbf{i} + \left(\frac{\partial F_x}{\partial z} - \frac{\partial F_z}{\partial x}\right)\mathbf{j} + \left(\frac{\partial F_y}{\partial x} - \frac{\partial F_x}{\partial y}\right)\mathbf{k}$$
$$\tag{2.5.23}$$

ラプラス演算子（Laplacian）
$$\nabla^2 = \nabla \cdot \nabla = \frac{\partial^2}{\partial x^2} + \frac{\partial^2}{\partial y^2} + \frac{\partial^2}{\partial z^2} \tag{2.5.24}$$

$$\nabla^2 f = \frac{\partial^2 f}{\partial x^2} + \frac{\partial^2 f}{\partial y^2} + \frac{\partial^2 f}{\partial z^2} \tag{2.5.25}$$

ガウス（Gauss）の発散定理
$$\int_v \mathrm{div}\, \mathbf{F}\, dv = \int_v \nabla \cdot \mathbf{F}\, dv = \int_S \mathbf{F} \cdot \mathbf{n}\, dS \tag{2.5.26}$$

ストークス（Stokes）の定理
$$\int_S (\mathrm{rot}\, \mathbf{F}) \cdot \mathbf{n}\, dS = \int_S (\nabla \times \mathbf{F}) \cdot \mathbf{n}\, dS = \oint_C \mathbf{F} \cdot d\mathbf{l} \tag{2.5.27}$$

その他の公式
$$\mathrm{rot}\, \mathrm{grad}\, f = \mathbf{0} \quad (2.5.28) \qquad \mathrm{div}\, \mathrm{rot}\, \mathbf{F} = 0 \quad (2.5.29)$$
$$\mathrm{rot}\, \mathrm{rot}\, \mathbf{F} = \mathrm{grad}\, \mathrm{div}\, \mathbf{F} - \nabla^2 \mathbf{F} \tag{2.5.30}$$
$$\mathrm{div}(\mathbf{F} \times \mathbf{G}) = \mathbf{G} \cdot \mathrm{rot}\, \mathbf{F} - \mathbf{F} \cdot \mathrm{rot}\, \mathbf{G} \tag{2.5.31}$$
$$\mathrm{rot}(\mathbf{F} \times \mathbf{G}) = (\mathbf{G} \cdot \nabla)\mathbf{F} - (\mathbf{F} \cdot \nabla)\mathbf{G} + \mathbf{F}\, \mathrm{div}\, \mathbf{G} - \mathbf{G}\, \mathrm{div}\, \mathbf{F}$$
$$\tag{2.5.32}$$
$$\mathrm{rot}(f\mathbf{F}) = \mathrm{grad}\, f \times \mathbf{F} + f\, \mathrm{rot}\, \mathbf{F} \tag{2.5.33}$$
$$\mathrm{grad}(\mathbf{F} \cdot \mathbf{G}) = (\mathbf{F} \cdot \nabla)\mathbf{G} + (\mathbf{G} \cdot \nabla)\mathbf{F} + \mathbf{F} \times \mathrm{rot}\, \mathbf{G} + \mathbf{G} \times \mathrm{rot}\, \mathbf{F}$$
$$\tag{2.5.34}$$

2.6 座標系

a. 直角座標（rectangular coordinates）　図 2.8 に示したように互いに直交する x, y, z 座標を用いることにより，空間の一点は (x, y, z) で表示される．なお，これまでに示したベクトルの表現は，すべてこの直角座標による表示である．

b. 円筒（円柱）座標（cylindrical coordinates）　図 2.16 に示す

ように空間の一点を (r, θ, z) で表示する．ここで，円筒の中心軸方向を z 軸とし，r は z 軸からの距離，θ は円筒の周方向を x 軸から y 軸へはかった角 $(0 \sim 2\pi)$ である．直角座標 (x, y, z) と円筒座標 (r, θ, z) の間には次の関係がある．

$$r = \sqrt{x^2 + y^2}, \quad \theta = \tan^{-1}\frac{y}{x}, \quad z = z$$

$$x = r\cos\theta, \quad y = r\sin\theta, \quad z = z \tag{2.6.1}$$

また，ベクトルの表現は次のようになる．

単位ベクトル $\mathbf{i}_r = \cos\theta\,\mathbf{i} + \cos\theta\,\mathbf{j}, \quad \mathbf{i}_\theta = -\sin\theta\,\mathbf{i} + \cos\theta\,\mathbf{j},$
$\mathbf{i}_z = \mathbf{k}$ (2.6.2)

$$grad\,f(r, \theta, z) = \frac{\partial f}{\partial r}\mathbf{i}_r + \frac{1}{r}\frac{\partial f}{\partial \theta}\mathbf{i}_\theta + \frac{\partial f}{\partial z}\mathbf{i}_z \tag{2.6.3}$$

$$div\,\mathbf{F}(r, \theta, z) = \frac{1}{r}\frac{\partial}{\partial r}(rF_r) + \frac{1}{r}\frac{\partial F_\theta}{\partial \theta} + \frac{\partial F_z}{\partial z} \tag{2.6.4}$$

$$rot\,\mathbf{F}(r, \theta, z) = \left(\frac{1}{r}\frac{\partial F_z}{\partial \theta} - \frac{\partial F_\theta}{\partial z}\right)\mathbf{i}_r + \left(\frac{\partial F_r}{\partial z} - \frac{\partial F_z}{\partial r}\right)\mathbf{i}_\theta$$
$$+ \left(\frac{1}{r}\frac{\partial}{\partial r}(rF_\theta) - \frac{1}{r}\frac{\partial F_r}{\partial \theta}\right)\mathbf{i}_z \tag{2.6.5}$$

$$\nabla^2 f(r, \theta, z) = \frac{1}{r}\frac{\partial}{\partial r}\left(r\frac{\partial f}{\partial r}\right) + \frac{1}{r^2}\frac{\partial^2 f}{\partial \theta^2} + \frac{\partial^2 f}{\partial z^2} \tag{2.6.6}$$

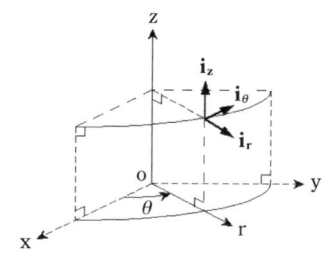

図 2.16 円筒座標

c．球座標 (spherical coordinates)　図 2.17 に示すように空間の一点を (r, θ, φ) で表示する．ここで，r は球の半径とし，θ は球の中心を通る z 軸から離れる方向の角 $(0 \sim \pi)$，φ は x 軸からの経度方向の角 $(0 \sim 2\pi)$ である．直角座標 (x, y, z) と球座標 (r, θ, φ) の間には次の関係がある．

$$r = \sqrt{x^2 + y^2 + z^2}, \quad \theta = \tan^{-1}\frac{\sqrt{x^2 + y^2}}{z},$$

$$\varphi = \tan^{-1}\frac{y}{x}, \quad x = r\sin\theta\cos\varphi,$$

$$y = r\sin\theta\sin\varphi, \quad z = r\cos\theta \tag{2.6.7}$$

また，ベクトルの表現は次のようになる．

$\mathbf{i}_r = \sin\theta\cos\varphi\,\mathbf{i} + \sin\theta\sin\varphi\,\mathbf{j} + \cos\theta\,\mathbf{k}$
単位ベクトル $\mathbf{i}_\theta = \cos\theta\cos\varphi\,\mathbf{i} + \cos\theta\sin\varphi\,\mathbf{j} - \sin\theta\,\mathbf{k}$
$\mathbf{i}_\varphi = -\sin\varphi\,\mathbf{i} + \cos\varphi\,\mathbf{j}$

(2.6.8)

$$grad\,f(r, \theta, \varphi) = \frac{\partial f}{\partial r}\mathbf{i}_r + \frac{1}{r}\frac{\partial f}{\partial \theta}\mathbf{i}_\theta + \frac{1}{r\sin\theta}\frac{\partial f}{\partial \varphi}\mathbf{i}_\varphi \tag{2.6.9}$$

$$div\,\mathbf{F}(r, \theta, \varphi) = \frac{1}{r^2}\frac{\partial}{\partial r}(r^2 F_r) + \frac{1}{r\sin\theta}\frac{\partial}{\partial \theta}(\sin\theta\,F_\theta)$$

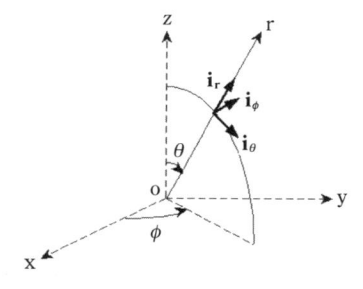

図 2.17 球座標

$$+\frac{1}{r\sin\theta}\frac{\partial F_\varphi}{\partial\varphi} \qquad (2.6.10)$$

$$rot\ \mathbf{F}(r,\theta,\varphi) = \frac{1}{r\sin\theta}\left(\frac{\partial}{\partial\theta}(F_\varphi\sin\theta) - \frac{\partial F_\theta}{\partial\varphi}\right)\mathbf{i}_r$$

$$+\frac{1}{r}\left(\frac{1}{\sin\theta}\frac{\partial F_r}{\partial\varphi} - \frac{\partial}{\partial r}(rF_\varphi)\right)\mathbf{i}_\theta + \frac{1}{r}\left(\frac{\partial}{\partial r}(rF_\theta) - \frac{\partial F_r}{\partial\theta}\right)\mathbf{i}_\varphi$$

$$(2.6.11)$$

$$\nabla^2 f(r,\theta,\varphi) = \frac{1}{r^2}\frac{\partial}{\partial r}\left(r^2\frac{\partial f}{\partial r}\right) + \frac{1}{r^2\sin\theta}\frac{\partial}{\partial\theta}\left(\sin\theta\frac{\partial f}{\partial\theta}\right)$$

$$+\frac{1}{r^2\sin^2\theta}\frac{\partial^2 f}{\partial\varphi^2} \qquad (2.6.12)$$

2.7 微分と積分

a. 微分公式

$$\frac{d}{dx}\{f(x)g(x)\} = \frac{df(x)}{dx}g(x) + f(x)\frac{dg(x)}{dx} \qquad (2.7.1)$$

$$\frac{d}{dx}\left\{\frac{f(x)}{g(x)}\right\} = \frac{\frac{df(x)}{dx}g(x) - f(x)\frac{dg(x)}{dx}}{g(x)^2} \qquad (2.7.2)$$

$$\frac{d}{dx}C = 0, \quad C:\text{定数} \qquad (2.7.3)$$

$$\frac{dx^n}{dx} = nx^{n-1} \qquad (2.7.4)$$

$$\frac{d}{dx}\left(\frac{1}{x}\right) = -\frac{1}{x^2} \qquad (2.7.5)$$

$$\frac{de^x}{dx} = e^x \quad (2.7.6) \qquad \frac{d}{dx}(e^{ax}) = ae^{ax} \quad (2.7.7)$$

$$\frac{d\log x}{dx} = \frac{1}{x} \quad (2.7.8) \qquad \frac{d}{dx}(a^x) = a^x\log a \quad (2.7.9)$$

$$\frac{d\sin x}{dx} = \cos x \quad (2.7.10) \qquad \frac{d\sin ax}{dx} = a\cos ax \quad (2.7.11)$$

$$\frac{d\cos x}{dx} = -\sin x \quad (2.7.12) \qquad \frac{d\cos ax}{dx} = -a\sin ax \quad (2.7.13)$$

$$\frac{d\tan x}{dx} = \sec^2 x \quad (2.7.14) \qquad \frac{d\tan ax}{dx} = a\sec^2 ax \quad (2.7.15)$$

$$\frac{d\cot x}{dx} = -\cos ec^2 x \qquad \frac{d\cot nx}{dx} = -n\cos ec^2 nx$$

$$(2.7.16) \qquad\qquad (2.7.17)$$

$$\frac{d\sin^{-1}x}{dx} = \frac{1}{\sqrt{1-x^2}}\ \left(-\frac{\pi}{2} < \sin^{-1}x < \frac{\pi}{2}\right) \qquad (2.7.18)$$

$$\frac{d\cos^{-1}x}{dx}=-\frac{1}{\sqrt{1-x^2}} \quad (0<\cos^{-1}x<\pi) \tag{2.7.19}$$

$$\frac{d\tan^{-1}x}{dx}=\frac{1}{1+x^2} \quad \left(-\frac{\pi}{2}<\tan^{-1}x<\frac{\pi}{2}\right) \tag{2.7.20}$$

b. 積分公式

$$\int f(x)\,dx=\int f\{g(t)\}g'(t)\,dt, \quad g'(t)=\frac{dx}{dt} \tag{2.7.21}$$

$$\int f'(x)g(x)\,dx=f(x)g(x)-\int f(x)g'(x)\,dx \tag{2.7.22}$$

$$\int C\,dx=Cx, \quad C:\text{定数} \tag{2.7.23}$$

$$\int x^n\,dx=\frac{x^{n+1}}{n+1}, \quad (n\neq-1) \tag{2.7.24}$$

$$\int \frac{1}{x}\,dx=\log|x| \tag{2.7.25}$$

$$\int e^x\,dx=e^x \tag{2.7.26}$$

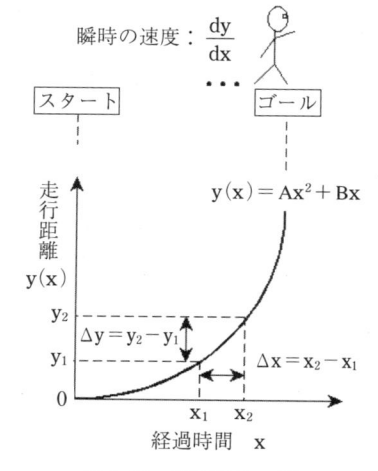

図 2.18 時間微分の例

関数（function）は，ある変数 x を別の変数 y に対応させる表現である．たとえば，陸上競技の 100 m 競争において，走者がスタート地点からゴールへ向けて走行した距離を y として，それまでの経過時間を x としよう．この場合，距離 y が時間 x によって次のような式で表されたならば

$$y(x)=Ax^2+Bx, \quad A,B:\text{定数}$$

y または $y(x)$ を従属変数といい，x を独立変数という．

微分（differential）$\dfrac{dy}{dx}$ は，x の変化に対応した y の変化を表現するものである．これは，時間 x の微小変化量 Δx を限りなく 0 に近づけた極限（ある 1 つの時刻を表す）における 2 点間の傾き $\dfrac{\Delta y}{\Delta x}$ の値であるとして次のように定義できる．

$$\frac{dy}{dx}=\lim_{\Delta x\to 0}\frac{\Delta y}{\Delta x}=\lim_{\Delta x\to 0}\frac{y(x+\Delta x)-y(x)}{\Delta x}$$

たとえば，先の関数 $y(x)=Ax^2+Bx$ の微分は

$$\begin{aligned}
y(x)&=Ax^2+Bx \\
y(x+\Delta x)&=A(x+\Delta x)^2+B(x+\Delta x) \\
&=A(x^2+2x\Delta x+\Delta x^2)+B(x+\Delta x) \text{ より} \\
\Delta y&=y(x+\Delta x)-y(x) \\
&=A(x^2+2x\Delta x+\Delta x^2)+B(x+\Delta x)-(Ax^2+Bx) \\
&=A(2x\Delta x+\Delta x^2)+B\Delta x \\
\frac{dy}{dx}&=\lim_{\Delta x\to 0}\frac{\Delta y}{\Delta x}=\lim_{\Delta x\to 0}\frac{A(2x\Delta x+\Delta x^2)+B\Delta x}{\Delta x} \\
&=\lim_{\Delta x\to 0}A(2x+\Delta x)+B \\
&=2Ax+B
\end{aligned}$$

となる．この微分 $\dfrac{dy}{dx}$ は，走者がスタート地点からゴールへ向けて走行している時々刻々の速度を変数 x により表す関数である（図 2.18）．

積分 (integral) は，微分の逆として考えることができる．すなわち，関数 $f(x)=\dfrac{dy}{dx}$ とすると，$dy=f(x)dx$ のように式を変形することができるので，x に対応した y の値を知りたいときには，$f(x)$ を x で積分するという．この場合の表現は

$$y(x)=\int f(x)dx$$

のように定義される．

上記の例において，走者の速度を関数で表現した $f(x)=\dfrac{dy}{dx}=2Ax+B$ を時間 x で積分すると

$$\begin{aligned}y(x)&=\int(2Ax+B)dx\\&=Ax^2+Bx+C\end{aligned}$$

となり，走者の時々刻々の走行距離 $y(x)$ を表すことになる．ここで，C は積分定数といい，$y(x)$ は x の範囲に依存することになる．

$$\int e^{nx}dx=\frac{1}{n}e^{nx} \tag{2.7.27}$$

$$\int a^x dx=\frac{a^x}{\log a},\quad (a>0) \tag{2.7.28}$$

$$\int \log x\, dx=x(\log x-1) \tag{2.7.29}$$

$$\int \sin x\, dx=-\cos x \tag{2.7.30}$$

$$\int \sin ax\, dx=-\frac{\cos ax}{a} \tag{2.7.31}$$

$$\int \cos x\, dx=\sin x \tag{2.7.32}$$

$$\int \cos ax\, dx=\frac{\sin ax}{a} \tag{2.7.33}$$

$$\int \tan x\, dx=-\log|\cos x| \tag{2.7.34}$$

$$\int \cot x\, dx=\log|\sin x| \tag{2.7.35}$$

$$\int \sin^2 x\, dx=\frac{1}{2}\left(x-\frac{\sin 2x}{2}\right) \tag{2.7.36}$$

$$\int \tan^2 x\, dx=\tan x-x \tag{2.7.37}$$

$$\int \frac{1}{x^2+a^2}dx=\frac{1}{a}\tan^{-1}\frac{x}{a},\quad (a\neq 0) \tag{2.7.38}$$

$$\int \frac{1}{x^2-a^2}dx=\frac{1}{2a}\log\left|\frac{x-a}{x+a}\right|,\quad (a\neq 0) \tag{2.7.39}$$

$$\int \frac{1}{\sqrt{a^2-x^2}}dx=\sin^{-1}\frac{x}{a},\quad (a>0) \tag{2.7.40}$$

$$\int \frac{1}{\sqrt{x^2\pm a^2}}dx=\log\left|x+\sqrt{x^2\pm a^2}\right| \tag{2.7.41}$$

$$\int \sqrt{a^2-x^2}\,dx=\frac{1}{2}\left\{x\sqrt{a^2-x^2}+a^2\sin^{-1}\frac{x}{a}\right\},\quad (a>0) \tag{2.7.42}$$

$$\int \sqrt{x^2\pm a^2}\,dx=\frac{1}{2}\left\{x\sqrt{x^2\pm a^2}\pm a^2\log\left|x+\sqrt{x^2\pm a^2}\right|\right\} \tag{2.7.43}$$

$$\int \frac{1}{x\sqrt{x^2-a^2}}dx=-\frac{1}{a}\sin^{-1}\frac{a}{x} \tag{2.7.44}$$

$$\int \frac{1}{x\sqrt{x^2+a^2}}dx=-\frac{1}{a}\log\left|\frac{a}{x}+\sqrt{1+\frac{a^2}{x^2}}\right| \tag{2.7.45}$$

2.8 2階の線形微分方程式とその解

a. 同次線形微分方程式の場合

$$a\frac{d^2y}{dx^2}+b\frac{dy}{dx}+cy=0, \quad (a, b, c：定数) \quad (2.8.1)$$

のように右辺が0のときの微分方程式を2階の同次線形微分方程式という．この方程式の一般解 y は，$\frac{d}{dx}=D$ として

$$2 次方程式 \quad aD^2+bD+c=0 \quad (2.8.2)$$

$$根 \quad D=\frac{-b\pm\sqrt{b^2-4ac}}{2a} \quad (2.8.3)$$

の2次方程式の解（根）の性質によって次の3つに分けられる．

(1) $a^2-4ac>0$：2次方程式の解 α, β が2つの異なる実根（$\alpha \neq \beta$）のとき

$$y=K_1 e^{\alpha x}+K_2 e^{\beta x} \quad (2.8.4)$$

(2) $a^2-4ac=0$：2次方程式の解 α, β が重根（$\alpha=\beta$）のとき

$$y=(K_1+K_2 x)e^{\alpha x} \quad (2.8.5)$$

(3) $a^2-4ac<0$：2次方程式の解 α, β が虚根（$\alpha=m_1+jm_2, \beta=m_1-jm_2$）のとき

$$y=e^{m_1 x}(K_1 \cos m_2 x+K_2 \sin m_2 x) \quad (2.8.6)$$

K_1, K_2：積分定数

b. 非同次線形微分方程式の場合

$$a\frac{d^2y}{dx^2}+b\frac{dy}{dx}+cy=f(x), \quad (a, b, c：定数) \quad (2.8.7)$$

のように右辺が0でないときの微分方程式を2階の非同次線形微分方程式という．この方程式の一般解 y は，余関数を y_1 とし，特殊解を y_2 として

$$y=y_1+y_2 \quad (2.8.8)$$

となる．ここで，余関数 y_1 は $f(x)=0$ として上記の同次線形微分方程式と同様に求められる．特殊解 y_2 は $f(x)$ の形によって次のように分けられる．

$f(x)=a_0$ のとき $\quad y_2=A \quad (2.8.9)$

$f(x)=a_0 x+a_1 x$ のとき $\quad y_2=Ax+B \quad (2.8.10)$

$f(x)=a_0 x+a_1 x+a_2 x^2$ のとき $\quad y_2=Ax^2+Bx+C \quad (2.8.11)$

$f(x)=e^{kx}$ のとき $\quad y_2=Ae^{kx} \quad (2.8.12)$

$f(x)=xe^{kx}$ のとき $\quad y_2=(Ax+B)e^{kx} \quad (2.8.13)$

$f(x)=k\sin x$ のとき $\quad y_2=A\sin x+B\cos x \quad (2.8.14)$

$$f(x) = e^{kx}\sin x \text{ のとき} \quad y_2 = e^{kx}(A\sin x + B\cos x)$$
(2.8.15)

$a_0, a_1, a_2, k, A, B, C$：定数

2.9 力学の要点

a. ニュートンの運動法則（Newton's laws of motion）

(1) 第1法則（慣性の法則）：「力の作用を受けなければ，静止している物体は静止の状態を保ち，運動している物体は一定の速度で運動（等速度運動）を続ける．」

(2) 第2法則（運動の法則）：「物体の加速度 a [m/s²] は，その物体に作用する力 F [N] に正比例し，質量 m [kg] に反比例する．」

$$m\mathbf{a} = m\frac{d\mathbf{v}}{dt} = m\frac{d^2\mathbf{r}}{dt^2} = \mathbf{F} \quad (2.9.1)$$

慣性（inertia）：静止している物体は静止状態を保とうとし，運動している物体は運動状態を保とうとする．慣性はこのような物体の性質をいう．

慣性系（inertia frames）：ニュートンの第1法則が成り立つ座標系である．

質量（mass）：物体に固有である．すなわち，環境などに依存することなく，物体の量によって一意的に定まる定数．慣性質量ともいう．

重量（weight）：物体に作用している重力．

逆2乗の法則（inverse square law）：万有引力の法則による力のように，力の大きさは物体間の距離の2乗に反比例する．

仕事（work）：力 F が物体に作用して変位を生ずるとき，その変位方向における力の成分と変位の大きさとの積である．すなわち，「仕事」=「力」×「距離」として定義する．

式 (2.9.3) は，力 F を加えて点 $P(x_P, y_P, z_P)$ から点 $Q(x_Q, y_Q, z_Q)$ まで変位する時の仕事を求める一般的な表現の式である．

運動エネルギー（kinetic energy）：質量 m の物体に力 F を加えて変位を生じたとすると，すなわち仕事により運動の能力を与えたとすると，物体には「質量の1/2」と「速度 v の平方」の積に相当する能力が増加したことになる．このような運動の能力のことを，物体がもつ運動エネルギーという．すなわち，「仕事」は「運動エネルギーの変化」に等しい．

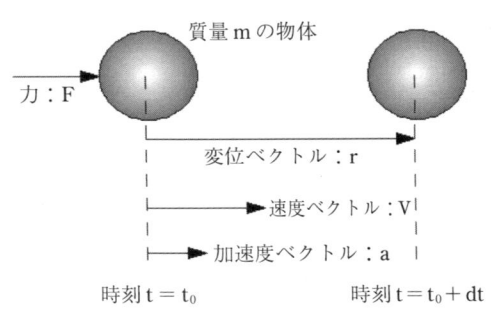

図 2.19 物体の運動

(3) 第3法則（作用反作用の法則）：「2つの物体が相互に作用する時，物体1が物体2に及ぼす力 $\mathbf{F}_1$ は，物体2が物体1に及ぼす力 $\mathbf{F}_2$ と大きさが等しく，それぞれの力の向きは一直線上で反対向きである．」ここで，$\mathbf{F}_1$ と $\mathbf{F}_2$ を互いに作用力（action force）と反作用力（reaction force）という．

$$\mathbf{F}_1 = -\mathbf{F}_2 \quad (2.9.2)$$

b. 仕事と運動エネルギー 点Pと点Q間の仕事 W は，力 $\mathbf{F}$ の各成分を F_x, F_y, F_z とすると次のようになる．

$$\text{仕事} \quad W = \int_P^Q \mathbf{F} \cdot d\mathbf{r} = \int_{(x_P, y_P, z_P)}^{(x_Q, y_Q, z_Q)} (F_x dx + F_y dy + F_z dz)$$
(2.9.3)

$$\text{運動エネルギー} \quad W = \frac{1}{2}mv^2 \quad (2.9.4)$$

2.10 波動方程式とその解

図 2.20 に示すように波の進行方向を x 軸，媒質の各点が振動する方向を y 軸とした場合，ある時間 t における波形を表す波動関数は次のように表される．

$$y(x, t) = A \sin\left\{\frac{2\pi}{\lambda}(x - vt)\right\} = A \sin(kx - \omega t) \tag{2.10.1}$$

ここで，A は振幅，λ は波長，$k = \frac{2\pi}{\lambda}$ は波数，$\omega = 2\pi f$ は角振動数である．振動数 f と波動の周期 T の間，ならびに波の速度 v と波長 λ の間には次の関係がある．

$$f = \frac{1}{T} \tag{2.10.2}$$

$$v = \frac{\lambda}{T} = f\lambda \tag{2.10.3}$$

また，一般的な波動方程式は次のような式で表される．

$$\frac{\partial^2 y(x, t)}{\partial x^2} = \frac{1}{v^2}\frac{\partial^2 y(x, t)}{\partial t^2} \tag{2.10.4}$$

この方程式の解は，式 (2.10.1) に示した波動関数で表される．

波には横波と縦波がある．
横波（transverse wave）：光や電磁波のように，媒質の各点の振動方向が波の進行方向に対して垂直な向きの波である．
縦波（longitudinal wave）：音波のように，媒質の各点の振動方向が波の進行方向に一致する波である．

横波における媒質の各点の振動方向の変位（y）は，日常で見掛ける水面の波や，電磁波では電界と磁界の各成分に対応する．

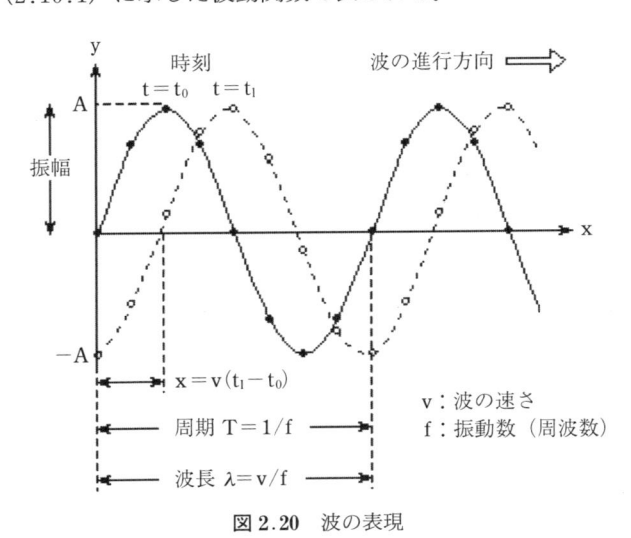

図 2.20 波の表現

2.11 付　　表

表 2.1　物理定数

電子の電荷	$e = 1.602 \times 10^{-19}$ [C]	真空中の光（電磁波）速度	$c_0 = 2.9979 \times 10^8$ [m/s]
電子の静止質量	$m = 9.109 \times 10^{-31}$ [kg]	アボガドロ数	$N = 6.022 \times 10^{23}$ [1/mol]
陽子の質量	$m_p = 1.672 \times 10^{-27}$ [kg]	重力の加速度	$g = 9.807$ [m/s^2]
真空の誘電率	$\varepsilon_0 = 8.854 \times 10^{-12}$ [F/m]	プランク定数	$h = 6.626 \times 10^{-34}$ [J·s]
真空の透磁率	$\mu_0 = 4\pi \times 10^{-7}$ [H/m]	ボルツマン定数	$k = 1.380 \times 10^{-23}$ [J/K]

MKS 単位系（MKS unit system）：長さの単位にメートル (m)，質量の単位にキログラム (kg)，時間の単位に秒 (s) を用いて，これら3つの基本単位の組合せによって諸量の単位を表現するものである．

CGS 単位系（CGS unit system）：長さの単位にセンチメートル (cm)，質量の単位にグラム (g)，時間の単位に秒 (s) を用いて，これら3つの基本単位を組合せた物理学の単位系である．

SI（International System of Unite）：1960 年に MKS 単位を拡張して定められた国際単位系である．この単位系には7つの基本単位があり，これらの基本単位の組合せによって諸量の単位を表現するものである．現在は多くの国で使用することが義務づけられている．

表 2.2　SI 基本単位

量	名称	記号
時間	秒	s（小文字）
長さ	メートル	m
質量	キログラム	kg
電流	アンペア	A
熱力学温度	ケルビン	K（大文字）
物理量	モル	mol
光度	カンデラ	cd

表 2.3　SI 接頭語

乗数	名称	記号	乗数	名称	記号
10^{18}	エクサ	E	10^{-1}	デシ	d
10^{15}	ペタ	P（大文字）	10^{-2}	センチ	c（小文字）
10^{12}	テラ	T	10^{-3}	ミリ	m
10^{9}	ギガ	G	10^{-6}	マイクロ	μ
10^{6}	メガ	M	10^{-9}	ナノ	n
10^{3}	キロ	k（小文字）	10^{-12}	ピコ	p（小文字）
10^{2}	ヘクト	h	10^{-15}	フェムト	f
10	デカ	da	10^{-18}	アト	a

表2.4 SI組立て単位

量	記号（固有名称）	SI単位による表現	SI基本単位による表現
面　積			m²
体　積			m³
速　さ			m/s
加　速　度			m/s²
波　数			m⁻¹
密　度			kg/m³
比　体　積			m³/kg
電流密度			A/m²
磁界の強さ			A/m
角　速　度		rad/s	
角加速度		rad/s²	
周　波　数	Hz（ヘルツ）		s⁻¹
力	N（ニュートン）		m·kg·s⁻²
圧力，応力	Pa（パスカル）	N/m²	m⁻¹·kg·s⁻²
表面張力		N/m	kg·s⁻²
力モーメント		N·m	m²·kg·s⁻²
エネルギー，仕事	J（ジュール）	N·m	m²·kg·s⁻²
仕事率，電力	W（ワット）	J/s	m²·kg·s⁻³
電　気　量	C（クーロン）	A·s	
電位，電圧	V（ボルト）	W/A	m²·kg·s⁻³·A⁻¹
電界の強さ		V/m	m·kg·s⁻³·A⁻¹
静電容量	F（ファラド）	C/V	m⁻²·kg⁻¹·s⁴·A²
誘　電　率		F/m	m⁻³·kg⁻¹·s⁴·A²
電気抵抗・インピーダンス	Ω（オーム）	V/A	m²·kg·s⁻³·A⁻²
コンダクタンス	S（ジーメンス）	A/V	m⁻²·kg⁻¹·s³·A²
磁　束	Wb（ウェーバ）	V·s	m²·kg·s⁻²·A⁻¹
磁束密度	T（テスラ）	Wb/m²	kg·s⁻²·A⁻¹
インダクタンス	H（ヘンリー）	Wb/A	m²·kg·s⁻²·A⁻²
透　磁　率		H/m	m·kg·s⁻²·A⁻²

表2.5 ギリシャ文字

大文字	小文字	読み方	大文字	小文字	読み方
A	α	アルファ	N	ν	ニュー
B	β	ベータ	Ξ	ξ	クサイ
Γ	γ	ガンマ	O	o	オミクロン
Δ	δ	デルタ	Π	π	パイ
E	ε	イプシロン	P	ρ	ロー
Z	ζ	ゼータ	Σ	σ	シグマ
H	η	イータ	T	τ	タウ
Θ	θ	シータ	Υ	υ	ウプシロン
I	ι	イオタ	Φ	ϕ, φ	ファイ
K	κ	カッパ	X	χ	カイ
Λ	λ	ラムダ	Ψ	ψ	プサイ
M	μ	ミュー	Ω	ω	オメガ

演習問題

2.1 原点 $0(0, 0, 0)$ から点 $P(2, -7, -3)$ へ向かうベクトルを $\mathbf{A}$，原点 0 から点 $Q(5, -2, 5)$ へ向かうベクトルを $\mathbf{B}$ とする時，点 P から点 Q へ向かうベクトル ($\mathbf{B}-\mathbf{A}$) を求めよ．

2.2 3つのベクトル $\mathbf{A}=\mathbf{i}+2\mathbf{j}+\mathbf{k}$, $\mathbf{B}=-\mathbf{i}+\mathbf{j}-2\mathbf{k}$, $\mathbf{C}=-2\mathbf{i}+\mathbf{j}+\mathbf{k}$ について次のものを求めよ．

(1) $2\mathbf{A}+\mathbf{B}-3\mathbf{C}$　(2) $|\mathbf{A}+\mathbf{B}+\mathbf{C}|$　(3) $\mathbf{A}+\mathbf{B}+\mathbf{C}$ と同じ向きの単位ベクトル

(4) $\mathbf{B}$ の $\mathbf{C}$ 方向への正射影（有効成分）を求めよ．

(5) $\mathbf{A}$ と $\mathbf{B}$ に垂直で，大きさが1のベクトル $\mathbf{D}$ を求めよ．

2.3 スカラー関数 $f(x, y, z)=2xz^3-x^2yz$，ベクトル関数 $\mathbf{F}(x, y, z)=2xy^2\mathbf{i}-x^2y\mathbf{j}+3yz^2\mathbf{k}$ について，点 $(1, -2, 1)$ における次のものを求めよ．

(1) ∇f　(2) $\nabla \cdot \mathbf{F}$　(3) $\nabla \times \mathbf{F}$

2.4 ある物体に2つの力 $\mathbf{F}_1=\mathbf{i}+2\mathbf{j}+3\mathbf{k}$ [N]，$\mathbf{F}_2=4\mathbf{i}-3\mathbf{j}+2\mathbf{k}$ [N] が作用して，点 $P(1, 3, -2)$ m から点 $Q(2, 1, 1)$ m に移動した時，力のなす仕事 [J] を求めよ．

2.5 ベクトル $\mathbf{A}=x\mathbf{i}+y\mathbf{j}+z^2\mathbf{k}$ について，点 $P(1, 0, 1)$ から点 $Q(0, 1, 0)$ までの経路 C にそった $\int_C \mathbf{A} \cdot d\mathbf{l}$ を求めよ．

3
電荷とクーロンの法則

現在の自然科学では，万物のふるまいは『4つの根源的な力』によって支配されている．私たちが感じ得る力は根源的な力の結果であって，力を発生させる原因（源）や力の大きさ，力が作用する方向が法則化されている．すなわち，力の本質が理解されているわけではない．人類は『4つの根源的な力』が存在していると信じているのである．

3.1 誰も見たことのない電荷—その考え方—

私たちは，乾燥した季節に髪の毛をブラシで梳かす時，髪の毛が櫛にまとわりついたり，髪の毛同士が跳ね除けあったりするような現象

静電気の現象は，電荷の空間的な移動がわずかであって，それによる磁気（magnetism）の効果が無視できるようなものである．

摩擦した物体に静電気が現れるのは，2つの物体間で摩擦により発生した熱などによって，物体間に電荷の移動が緩やかに起こり，電子が不足した物体は正に帯電し，電子が過剰になった物体は負に帯電する．この現象は物体の電気伝導性（electrical conduction）が小さいほど，摩擦により移動した電子が固定化されて帯電の大きさが強まる．

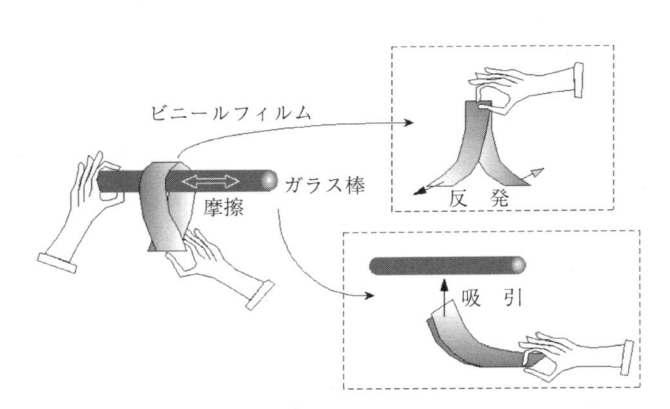

図 3.1 摩擦による静電気の発生

4つの根源的な力

1つ目は『重力』である．これは4つの中で最も弱い力であるけれども，重力が及ぶ範囲（距離）は無限の遠方まで達する．したがって，宇宙の全ての星や粒子は重力の影響を受けている．2つ目の力は『電磁力』である．電磁力は重力よりも強く，やはり無限遠方まで及ぶ．したがって，電磁波の利用は人工衛星や惑星探査衛星など地球から十分遠方にある観測装置との交信を可能にしている．また，電磁力は原子や分子を結び付けている力でもある．残りの2つの力は，原子核の内部において素粒子に関わる力である．

物質の電気伝導は，電子やイオン（ion）の移動である．導体（conductor）は自由に移動できる電子をもっているので，電荷の移動が起こる．絶縁体（insulator）は電荷が物質内の一定の場所に束縛されているので，導体のように電荷が自由に移動しない．半導体（semiconductor）は導体と絶縁体の中間的な性質をもつ．

陽子と電子のもつ電荷の大きさ（絶対値）は，現在知られている最も小さい電荷の値であり，これを**電気素量**（elementary quantum of electricity）という．電荷の単位にはクーロン（大文字の [C]）が用いられる．電気素量 e は 1.602×10^{-19} [C] である．

ボーアの原子モデル
今日，私たちが原子をイメージするとき，デンマーク人のBohr, Niels Henrik David（ボーア）による原子のモデル（1913年）がよく用いられている．すなわち，陽子は原子核にあり，電子はその周りを回転運動しているという話である．たとえば，水素原子は1個の陽子と1個の電子が静電気力と遠心力（centrifugal force）で平衡していることになる．誰もこのような原子のモデルを観察によってみていないが，モデルとして極めて都合がよいのである．

を知っている．たとえば，図3.1に示すように乾いたビニールフィルム片をガラス棒で擦った後，フィルム片同士は反発する．一方，ガラス棒はフィルム片を吸引する．このように2つの物体を摩擦（friction）した時，それらの物体は付近の軽い物を吸引する．このような場合，物体には摩擦によって電気（electricity）が生じたと考え，その物体は帯電（electrification）したという．摩擦による帯電の現象は静電気（electrostatics）という表現を用いる．

帯電した物体の間には力が働く．この力を静電気力（electrostatic force），またはクーロン力（Coulomb's force）という．静電気力は，万有引力（universal gravitation）と同じように，物体間に働く基本的な力の一つである．**万有引力の源（source）は質量（mass）であり，静電気力の源は電荷（charge）という**．

表3.1 万有引力と静電気力の源と向き

根源的な力の名称	万有引力	静電気力
力の向き	吸引力のみ	吸引力と反発力の2種類
力の源	質量 [kg]	電荷 [C]（＋と－の2種類必要）

静電気力の向きには吸引力（attraction）と反発力（repulsion）がある．したがって，**この力を説明するためには2種類の電荷が必要であり，これを正電荷（positive charge）と負電荷（negative charge）**という．これらの正電荷と負電荷を担う実体は，物質を構成する原子（atom）の中に存在する陽子（proton）と電子（electron）である．陽子は正電荷をもち，電子は負電荷をもつと定められている．

物質は正電荷と負電荷が等しい数だけもっているので，電気的に中性である．帯電物体を他の物体に近づけた時，帯電物体に近い側に異極性の電荷が現れ，遠い側に同極性の電荷が現れる．このような現象を静電誘導（electrostatic induction）という．帯電物体の電荷と静電誘導により現れた電荷との間に静電気引力が働く．このように一つ

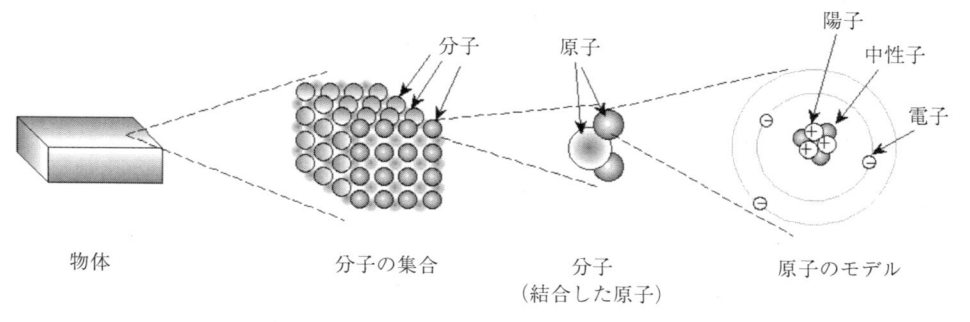

図3.2 物質の構成

の系をみても，電荷の総量が変化することはない．これを電荷の保存則（low of conservation of charge）という．

3.2 万有引力とそっくり―電荷の間で働く力―

万有引力（重力）の法則によると，2つの物体の間に働く引力 F [N] は2つの質量 m_1 と m_2 [kg] の積に比例し，物体間の距離 r [m] の二乗に反比例する．いわゆる逆二乗の法則である．

$$F = -G\frac{m_1 m_2}{r^2} \tag{3.1}$$

重力 F は質量の存在に原因するものであるから，重力の『源』は『質量』であると表現する．全ての物質の質量は正（＋）の値である

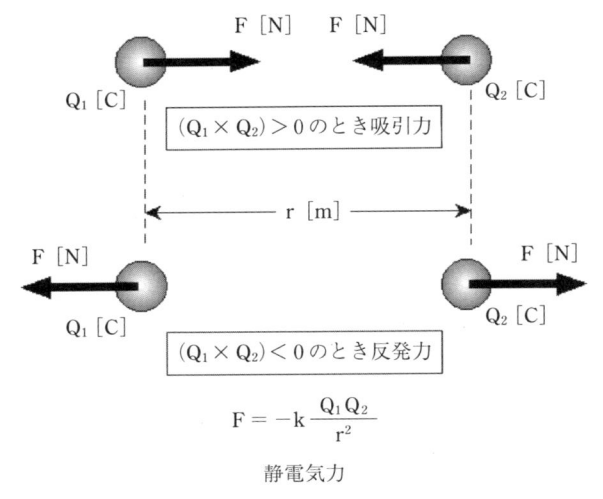

図3.3 万有引力と静電気力

物質を構成する原子（atom）や分子（molecule）は，普通の状態で等しい数の電子と陽子をもっているので電気量の総和は0であり，物体は通常で中性であると考える．

力の伝達を解釈する場合，**遠隔作用**（action of distance）という考え方がある．遠隔作用は，2つの物体に互いに及ぼし合う力が途中の空間に関係なく直接作用するというものである．万有引力の法則もクーロンの法則も遠隔作用による解釈の数式で表現されている．

重力（gravitational force）は質量のある全ての物体に作用する『根源的な力』である．この力の法則化は1687年にイギリス人の Newton, Sir Isaac（ニュートン）によって見出されたことは有名である．

万有引力の法則（universal law of gravitation）：質量を有する2つの物体間には必ず引力が働いている．この力を発生する源は質量である．

比例係数 G は**万有引力定数**といい，6.67×10^{-11} [N・m²/kg²] の値をもつ普遍定数である．この値は宇宙のどこでも同じ値である．

もしも負（－）の質量の物体が存在したとしたら何が起こるであろうか．万有引力の法則では2つの物体の間に働く力を示しているので，一方の物体が正の質量で他方の物体が負の質量の時には力 F は正の値をとる．したがって，力は引力と反対方

から，式 (3.1) では重力 F は負（−）の値となるのは必然である．万有引力の法則では，力 F が負（−）の値をとって引力の方向に力が作用することになる．

一方，静電気力も重力と同じように逆二乗の法則に従う．すなわち，クーロンの法則によると，電気を帯びた 2 つの物体に働く力 F [N] は 2 つの電荷 Q_1 と Q_2 [C] の積に比例し，物体間の距離 r [m] の二乗に反比例する．

$$F = k\frac{Q_1 Q_2}{r^2} \quad (3.2)$$

$$k = \frac{1}{4\pi\varepsilon_0}, \quad \varepsilon_0 = \frac{10^7}{4\pi c^2} \quad (3.3)$$

ここで，ε_0 のことを**真空の誘電率**（dielectric constant）といい，真空中の光の速度 c（$=3\times10^8$ [m/s]）を用いると，$\varepsilon_0 = 8.854\times10^{-12}$ [F/m] となる．したがって，比例係数 k（$=9\times10^9$ [m/F]）が定まって普遍定数となる．クーロンの法則では，式 (3.2) から 2 つの物体の電荷が同じ極性（プラス同士，またはマイナス同士）の時に力 F が正（＋）の値をとって反発力，2 つの物体の電荷が異なる極性の時に力 F が負（−）の値をとって吸引力の方向に力が作用する．

静電気力は電気を帯びた物体に働く『根源的な力』である．この力の法則化は 1785 年にフランス人のクーロン（Coulomb, Charles Augustin de）によって見出された．静電気力は電荷の存在に原因するものであるから，この電気力の『源』は『電荷』であると表現する．

力は「大きさ」と「向き」で表されるのでベクトルで表現される．クーロンの法則をベクトルで表現すると，次のようになる．

$$\mathbf{F} = \frac{1}{4\pi\varepsilon_0}\frac{q_1 q_2}{r^2}\left(\frac{\mathbf{r}}{r}\right) [N]$$

ここで，$\frac{\mathbf{r}}{r}$ は距離ベクトル $\mathbf{r}$ の単位ベクトルである．

キャベンディシュという名の研究者

1773 年にキャベンディシュという名の研究者がクーロンよりも先に同様な逆二乗の法則を発見していた．しかし，その事実を明らかにしたのは約 100 年後，電気磁気学の理論を集大成したジェイムズ・クラーク・マクスウェルによってであった．歴史的には，電荷の単位 [C] はクーロンではなく，同じ文字 "C" であってもキャベンディシュとなっていたかもしれない．

演習問題

3.1 2 個の相等しい小球導体に等量の電荷 Q を与え，各々を 1 m の間隔で置いたときに 9×10^{-3} [N] の反発力が働いた．小球導体の電荷 Q [C] を求めよ．

3.2 真空中で一直線上に間隔 a [m] を隔てて順に Q_1, Q_2, Q_3 [C] の電荷があるとき，各電荷に働く力を求めよ．ただし，Q_3, Q_2 から Q_1 への向きを正とする．

3.3 一直線上に 1 m 離れた 2 点 A と B に，それぞれ等しい正電荷が置かれている．いま，その 2 倍の電荷をどの位置に置くと B に働く力が平衡するか．ただし，点 A と B を結ぶ延長線上で点 B からの距離で答えよ．

3.4 正方形の各頂点に Q [C] の電荷が置いてあるとき，その正方形の中心にどれほどの電荷 q [C] を置けば各電荷と平衡するか．

3.5 点 $P_1(1, 2, 3)$ m と点 $P_2(2, 0, 5)$ m にそれぞれ点電荷 $Q_1=300$ $[\mu C]$ と $Q_2=100$ $[\mu C]$ がある．電荷 Q_2 に働く力ベクトル $\mathbf{F}$ $[N]$ を求めよ．

4

真空中の静電界

われわれは複数の電荷の間にクーロンの法則で示される根源的な力が存在することを学んだ．ここでは，その力の伝わり方について理解するために，目に見えない電荷とその周囲のこれまた不可視な空間がどのような状態になっているのかについて説明する．

4.1 クーロンの力から電界へ

不可視な空間のゆがみ

万有引力の法則とクーロンの法則では，2つの物体間に働く力を求めるものとして式 (3.1) や式 (3.2) に示したように表現されていた．これらは必ず2つの物体が存在することに限定されているので遠隔作用的な解釈であった．

20世紀になってアインシュタイン（Albert Einstein）によれば，宇宙空間にはブラックホールが存在し，質量を無視できる光であってもその周囲を通過する時に光の行路が曲がる．ブラックホールの中心は質量が極めて大きい．したがって，質量の極めて大きな物体の周囲には，光であっても力を与えるような不可視な空間のゆがみ（distortion）が形成されていると考えるようになった．このような空間のゆがみを場（field）といい，その考え方を近接作用（action through medium）といっている．

太陽の周りを回る地球は，太陽の質量が源となる万有引力により吸引されている．近接作用によれば，図 4.1 に示すように太陽がその周囲の空間に対して質量のある物体を吸引するようなゆがみを形成し，地球はそのゆがみに沿って太陽へ引き寄せられている．この空間のゆがみを重力場（gravitational field）という．

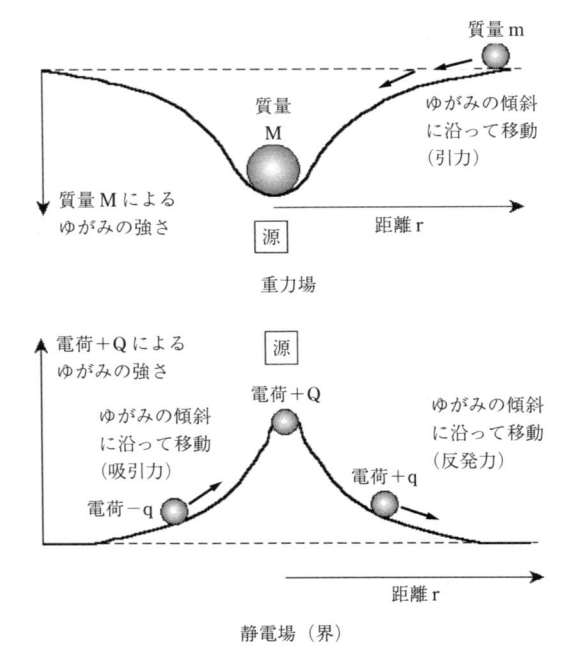

図 4.1 近接作用による重力とクーロン力の考え方

同様にクーロンの法則による静電気力は，1つの電荷の周りに他の電荷に力を及ぼすような空間のゆがみが形成され，そのゆがみに沿って2つの電荷の間に吸引力や反発力が働くものと考える．**この空間のゆがみを電場，あるいは電界（electric field）という**．静止している電荷の周りの電界は静電界（electrostatic field）という．

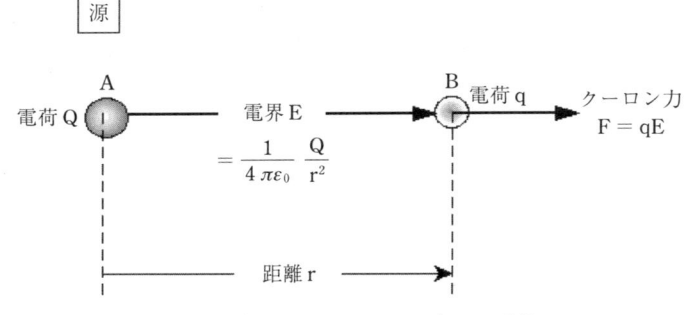

図 4.2 電荷 Q によるクーロン力 F と電界 E

近接作用的な考え方からクーロンの法則を見てみよう．いま，図 4.2 に示すように電荷 Q [C] をもった物体 A と電荷 q [C] をもった物体 B が r [m] 離れて存在しているとしよう．物体 A の電荷 Q が『源』になって物体 B の電荷 q に及ぼす力 **F** [N] は，式 (3.2) から次のように書き換えることができる．

$$\mathbf{F} = q\mathbf{E} \quad [N] \tag{4.1}$$

$$\mathbf{E} = \frac{1}{4\pi\varepsilon_0} \cdot \frac{Q}{r^2} \cdot \frac{\mathbf{r}}{r} \quad [V/m],$$

大きさのみの表示では $E = \dfrac{1}{4\pi\varepsilon_0} \cdot \dfrac{Q}{r^2}$ (4.2)

ここで，E は電荷 Q [C] が『源』になり距離 r [m] だけ離れた位置に形成する電界である．**r**/r は距離 r の単位ベクトルである．電界 E は，電荷 Q が源になって他の電荷 q に力を与える原因になる．前述したように，この原因は重力場と同じように『空間のゆがみ』であると考えるのである．

4.2 電界中の電荷に働く力と仕事

図 4.3 に示すような点電荷 $+Q$ [C] によって形成された電界 E の中で，電荷 Q へ向けてほかの電荷 q [C] を経路 C に沿って点 A から点 B まで運ぶ時の仕事 W を考えてみる．式 (4.1) より，電荷 q には電界 **E** によるクーロン力 $q\mathbf{E}$ [N] が作用するので，電荷 q は

電界 E の厳密な大きさは
$$E = \lim_{\Delta q \to 0} \frac{\Delta F}{\Delta q}$$
である．単純に表現すると，電界 E の「大きさと方向」については，電荷 Q をもつ物体の周囲の空間において，任意の点に単位正電荷（+1 [C]）を置いた時にそれが受ける力の大きさと向きを与えることになる．

電界 E の単位は [N/C]=[V/m] として扱われる．

位置エネルギーと運動エネルギー

重力が存在する地球上において，ある質量 m [kg] の物体を地面から高さ h [m] までもち上げたときのエネルギーを考えてみる．この場合，位置エネルギー（potential energy）は
$$W_g = m \cdot g \cdot h \quad [J]$$
だけ増加する．この位置エネルギーは，物体を高さ h まで持ち上げる際の経路には関係しない．すなわち，物体の始点（地面位置）と終点（高さ h の位置）の2点間で定まる．このような場合を『保存的』であるという．

保存的な場では，質量 m の物体を地面から高さ h まで持ち上げたときの位置エネルギー mgh [J] と，その物体が速度 v [m/s] で地面まで落下するときの運動エネルギー（kinetic energy）
$$W_k = mv^2/2 \quad [J]$$
が等しくなっている．

28   4 真空中の静電界

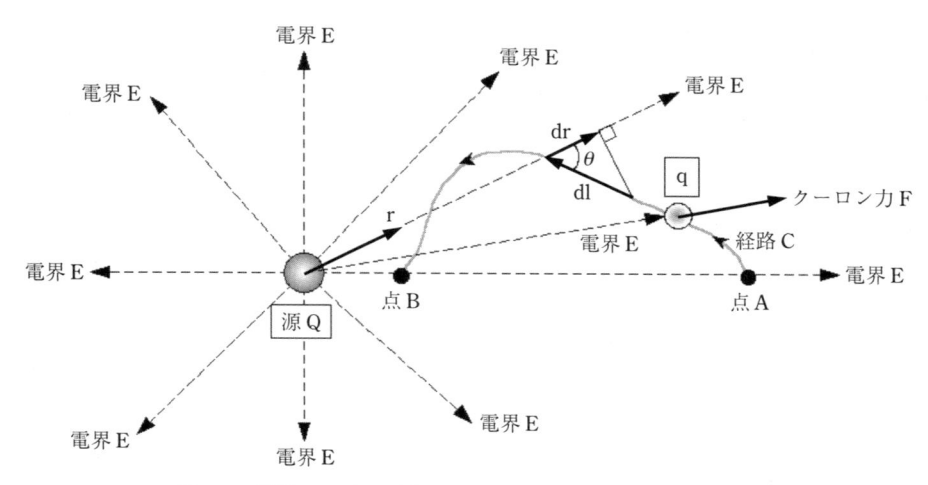

図4.3 電界 E の中で電荷 q をクーロン力 $q\mathbf{E}$ に逆らって運ぶ

重力場では2つの正の質量をもった物体が吸引するのに対して，静電界では2つの同極性の電荷が反発するように力の作用する方向が反対向きであるので，式 (4.4) にはマイナスが付いている．

$W>0$ の時は外力が仕事をしたことになるので，エネルギーを貯える場合である．

$W<0$ の時は電界が仕事をしたことになるので，エネルギーを消費する場合である．

式 (4.4) から電荷を運ぶのに要する仕事は2つの位置 A と B だけで決まり，途中の経路には関係していない．したがって，重力場と同じように，静電界も保存的であるという．

点 A と点 B を一致させて，経路 C を1つの閉曲線にとる時は次の関係が成り立つ．

$$\oint_C \mathbf{E} \cdot d\mathbf{l} = 0$$

点 B 側から点 A 側へ押し戻される向きに力を受ける．したがって，電荷 q を点 A から点 B へ運ぶには，このクーロン力に逆らって外力

$$\mathbf{F}_{\text{外力}} = -\mathbf{F}_{\text{クーロン力}} = -q\mathbf{E} \quad [\mathrm{N}] \tag{4.3}$$

を加える必要がある．一般に「仕事は力と距離の積」で表されるから，力には外力 $\mathbf{F}_{\text{外力}}$，距離には経路 C に沿った微小線分 $d\mathbf{l}$ を用いて

$$W = \int_A^B \mathbf{F}_{\text{外力}} \cdot d\mathbf{l} = -\int_A^B \mathbf{F}_{\text{クーロン力}} \cdot d\mathbf{l} = -q\int_A^B \mathbf{E} \cdot d\mathbf{l} \quad [\mathrm{J}] \tag{4.4}$$

のように書くことができる．経路 C 上の任意の点において，電界 E ベクトルと微小距離ベクトル $d\mathbf{l}$ のなす角を θ とすると，ベクトルの内積より

$$\mathbf{E} \cdot d\mathbf{l} = E dl \cos\theta$$

となり，さらに電荷 Q からの距離を r とすると，微小距離 dl に対する r の変化 dr は

$$dr = \cos\theta \, dl$$

である．したがって，式 (4.4) に示した仕事は次のようになる．

$$W = -q\int_A^B \mathbf{E} \cdot d\mathbf{l} = -q\int_A^B \frac{Q}{4\pi\varepsilon_0 r^2} \cdot \cos\theta \cdot \frac{dr}{\cos\theta}$$

$$= -\frac{qQ}{4\pi\varepsilon_0}\left(\frac{1}{r_A} - \frac{1}{r_B}\right) \quad [\mathrm{J}] \tag{4.5}$$

ここで，r_A，r_B はそれぞれ電荷 Q から点 A，点 B までの距離である．

4.3 電界はエネルギーをもっている—位置エネルギー—

このように電荷 Q [C] は電界 E [V/m] を形成し，さらに電界 E は別の電荷 q [C] を動かそうとする位置エネルギー W [J] をもつことになる．電荷 Q によって形成された電界 E の中で位置エネルギーを考えると，重力場の中の位置エネルギーと同じ解釈ができる．**特に，電界の中の位置エネルギーは電位（electric potential）という．**このエネルギー W と電位 V の関係については第8章で詳しく述べる．

これまでに述べてきた静電界について，図 4.4 は重力場とのアナロジーを簡単に表現してみたものである．本章の内容を整理する意味で，表 4.1 に示した重力と電界の対応から，電界がエネルギーをもっている空間であることをイメージして欲しい．

保存力

万有引力の場合と同様に，静電気力は保存力（conservative force）であり，電界中の電荷の位置エネルギーを定義することができる．

電界 E の中の電荷（$+q$ [C]）には式（4.1）に示したクーロン力 $F=qE$ が作用しているので，電荷 q は常に遠方へ移動しようとしていることがわかる．したがって，式（4.5）に示した仕事 W は，電界の中で電荷（$+q$ [C]）をある位置に保持するのに必要な位置エネルギーである．

位置エネルギーの基準点は電界がゼロの位置であるとする．たとえば，無限遠点や大地に相当させる．

静電界は保存的であるので，電荷 q が基準点へ移動するときに，W に等しいエネルギーが発生する．

表 4.1 重力場と静電界の対応

保存場の名称	重力場	静電界
源（source）	質量 M [kg]	電荷 Q [C]
場の強さ（intensity）	重力加速度 g [m/s^2]	電界 E [V/m]
位置エネルギー（potential）	Mgh [J]	電位 V [V]

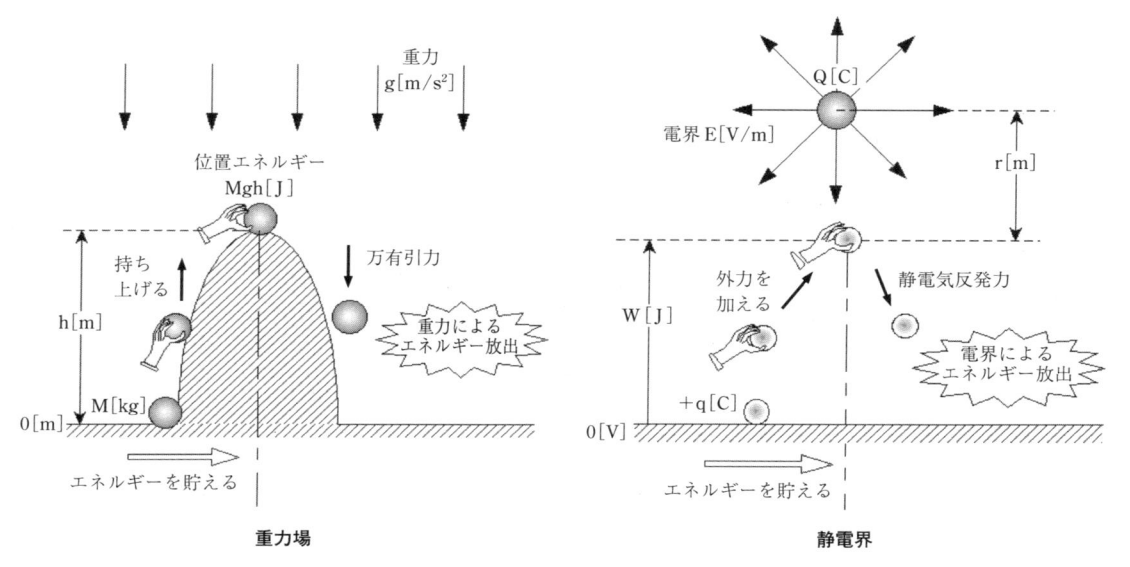

図 4.4 重力場または静電界の中での位置エネルギー

演習問題

4.1 A, B, C, D を頂点とする長方形がある．辺の長さ AB=CD=0.3 m, BC=DA=0.4 m として，その頂点 A と C に -10^{-7} [C], B と D に $+10^{-7}$ [C] の点電荷を置く時，次の場所での電界の大きさ E [V/m] を求めよ．

    (1) 長方形の中心   (2) 辺 BC の中点

4.2 $Q_1=1.4$ [μC], $Q_2=7.5$ [μC], $Q_3=-5$ [μC] の点電荷が各々点 A$(-0.2, 0, 0)$ m, 点 B$(0, -0.5, 0)$ m, 点 C$(1, 0, 0)$ m に置かれている時，原点 O の電界ベクトル $\mathbf{E}$ およびその大きさ E を求めよ．

4.3 原点 O に 10^{-6} [C] の点電荷があるとき，1個の電子を点 A$(0.1, 0, 0)$ m から点 B$(0.2, 0, 0)$ m まで運ぶのに要する仕事 W [J] を求めよ．

4.4 一辺の長さが 0.1 m の正方形の頂点 A, B, C, D に $+0.2$ [μC] の点電荷を置く時，次の値を求めよ．

    (1) 正方形の中心 O の電界 E_0
    (2) 辺 AB の中点 M の電界 E_M
    (3) 5×10^{-6} [C] の電荷を点 O から点 M まで運ぶのに要する仕事 W_{OM}

5
ガウスの定理

帯電した導体の代表的なモデルについて，その導体の周りにつくられる電界の強さ（大きさ）を求める際の考え方を説明する．ここでは，例題を通して解析能力を身に付けていただきたい．

5.1 ガウスの定理とは何だろう

一般にガウスの定理（Gauss theorem）は，ベクトル関数 $\mathbf{E}$ について閉曲面 S により囲まれた体積 V のもとで次のように表される．

$$\int_S \mathbf{E} \cdot \mathbf{n}\, dS = \int_V div\, \mathbf{E}\, dV \tag{5.1}$$

ここでは，図 5.1 に示すような $+Q$ [C] の電荷から電界 $\mathbf{E}$ が放射状に形成されている場合を例にして，電荷を中心とした半径 r [m] の球面 S について考えてみよう．

正の電荷 $+Q$ [C] が1つだけ存在する場合，電気力線はその電荷から放射状に出て無限遠に向かう．電荷からの距離が r [m] の位置における電界の強さ E は式（4.2）に示したように

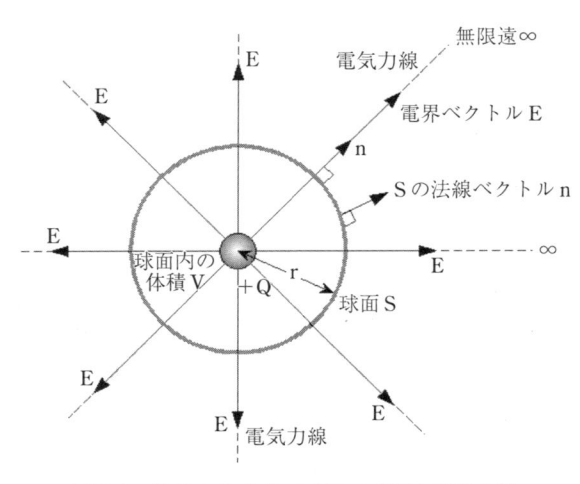

電気力線

我々は電界 E を直接見ることはできないので，電界 E を仮想的にイメージするものとして電気力線（line of electric force）を用いる．電気力線は正電荷から湧き出て負電荷に帰着すると約束する．

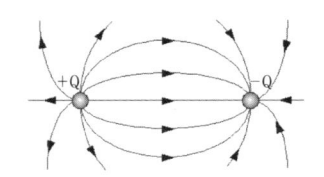

$+Q$ と $-Q$ 間の電気力線

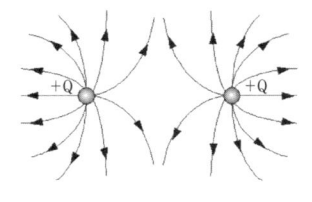

$+Q$ と $+Q$ 間の電気力線

図 5.2 点電荷 Q の間の電気力線

電気力線は，電荷 Q の周りに形成された電界 E との整合性をもたせるために，単位正電荷（$+1$ [C]）が電界に沿って動く道筋（仮想力線）である．

電気力線の性質：

図 5.1 電荷 $+Q$ [C] の周りの電界と電気力線

5 ガウスの定理

(1) 電気力線は，正の電荷から出て負の電荷に終わる連続曲線である．
(2) 電気力線上の点で描かれた接線 (tangential line) は，その点の電界の方向を表す．
(3) 電気力線の密度は，その点の電界の強さ（大きさ）を表す．そこで，電界の強さが 1 [V/m] の点（電界方向に垂直な単位面積当りを意味する）における電気力線の密度を 1 [本/m²] と定める．
(4) 電気力線は互いに交わることがない．

面 S を通過する電気力線
Q [C] の電荷からは Q/ε_0 [本] の電気力線が放射状に出ていると定義することができる．

式 (5.5) の $Q = \int_V \rho\, dV$ は，閉曲面 S で囲まれた体積 V の内部に『電荷が何 [C] あるのか』を表している．

ガウスの定理の左辺 $\int_S \mathbf{E}\cdot\mathbf{n}\, dS$ は，面 S に対して電界 E の電気力線が有効に何本交わっているかを表している．

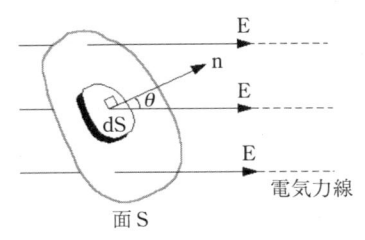

図 5.3 面 S を通過する電気力線の有効な本数

発散
電気力線の端を電界 E の発散 (divergence) といい，$div\,\mathbf{E}$ と言う記号で表す．$div\,\mathbf{E}$ の定義は，第 2 章の式 (2.5.a) に

$$E = \frac{1}{4\pi\varepsilon_0}\cdot\frac{Q}{r^2} \quad [\text{V/m}] \tag{5.2}$$

であった．この電界の強さ E は，電荷の中心から半径が r [m] の球面 S 上のどの点でも同じである．

まず，式 (5.1) の左辺について詳しく見てみる．$\mathbf{E}\cdot\mathbf{n}$ は電界 E の n 方向成分を表し，球面 S の上で微小な面積 dS を選ぶと，n は dS に垂直で大きさが 1 の法線ベクトルである（図 5.3）．図 5.1 に示した例では，$\theta = 0°$ になるから $\mathbf{E}\cdot\mathbf{n} = |\mathbf{E}||\mathbf{n}|\cos\theta = E$ となる．今，電界の強さ E は球面 S の上ではどこでも等しく，$\int_S dS = 4\pi r^2$ [m²] は球面 S の表面積であるので

$$\text{式 (5.1) の左辺} = \int_S \mathbf{E}\cdot\mathbf{n}\, dS = E\int_S dS = E\cdot 4\pi r^2 \tag{5.3}$$

となる．ここで，式 (5.2) を式 (5.3) に代入すると，電気力線の性質 (3) より球面 S を通過する電気力線の本数 N が次のように求まる．

$$N = \int_S \mathbf{E}\cdot\mathbf{n}\, dS = \frac{Q}{4\pi\varepsilon_0 r^2}\cdot 4\pi r^2 = \frac{Q}{\varepsilon_0} \quad [\text{本}] \tag{5.4}$$

したがって，ガウスの定理の左辺は，ある閉曲面 S の全面を通り抜ける電気力線の本数 N に一致することがわかる．

次に，式 (5.1) の右辺についてみてみる．$\int dV$ は体積 V についての積分であるから，ここでは単位体積当りの電荷密度を ρ [C/m³] として，電荷 Q [C] を次のように表現しよう．

$$Q = \int_V \rho\, dV \tag{5.5}$$

この式 (5.5) と式 (5.4) を用いて式 (5.1) を書き直すと

$$\frac{Q}{\varepsilon_0} = \frac{1}{\varepsilon_0}\int_V \rho\, dV = \int_V div\,\mathbf{E}\, dV \quad [\text{本}] \tag{5.6}$$

となる．したがって，$\int dV$ の中の $div\,\mathbf{E}$ は，単位体積当りの電気力線の密度に相当することがわかる．すなわち，

$$\boxed{div\,\mathbf{E} = \frac{\rho}{\varepsilon_0}} \tag{5.7}$$

の関係が求まる．これはガウスの定理の微分表現に相当している．

以上のことから，式 (5.1) に示したガウスの定理は

$$\int_S \mathbf{E}\cdot\mathbf{n}\, dS = \frac{1}{\varepsilon_0}\int_V \rho\, dV \tag{5.8}$$

のように書き換えられる．すなわち，ガウスの定理は『閉曲面 S 上の電界 E』と『面 S で囲まれた体積 V の中の電荷』を用いて，『面

Sの全面を通過する電気力線の数』を表現していることがわかる．ガウスの定理を適用して電界を求めるには，上記の例より**電界の分布が対称性をもつ場合に限られる**こともわかる．以下に適用例を示す．

【例題 5.1 点対称な電界の場合】 図 5.4 に示すように半径 a [m] の内球導体と，内半径が b [m] で外半径が c [m] の中空の外球導体から構成された同心球導体がある．内球導体に $+Q$ [C] を与えた時，中心からの距離を変数 r [m] として，導体間の電界 E_{ab} [V/m] を求めてみよう．

[解] まず，導体に電荷を与えると次のような帯電状態になる．

| 初期値 | ⇒ | 静電誘導 | ⇒ | 帯電状態 |

内球導体 ...... 内球導体の表面
$=+Q$ [C] $\quad=+Q$ [C] ｝ 静電誘導により等量で異極性

外球導体 ...... ｛外球導体の内側表面 $=-Q$ [C]
$=0$ [C] 　　外球導体の外側表面 $=+Q$ [C]｝ 外球は計 $=-Q+Q=0$

次に，**電界は中心 O を点対称に放射状に形成されるので，帯電球と中心を同じくする半径 r の球表面 S を選ぶ**．点対称性より，電界は球表面 S 上のどこでも等しい．r の各範囲でガウスの定理・式 (5.8) を適用すると

$(a \leq r \leq b)$ 　左辺 $= \int_S \mathbf{E}_{ab} \cdot \mathbf{n}\, dS = 4\pi r^2 E_{ab}$,

　　　　　　　右辺 $= \dfrac{1}{\varepsilon_0} \int_V \rho\, dV = \dfrac{Q}{\varepsilon_0}$,

　　　　　　　$\therefore E_{ab} = \dfrac{Q}{4\pi\varepsilon_0 r^2}$ [V/m]

$(b \leq r \leq c)$ 　$\int_S \mathbf{E}_{bc} \cdot \mathbf{n}\, dS = 4\pi r^2 E_{bc}$, 　$\dfrac{1}{\varepsilon_0}\int_V \rho\, dV = \dfrac{Q-Q}{\varepsilon_0} = 0$,

　　　　　　　$\therefore E_{bc} = 0$ [V/m]

$(c \leq r \leq \infty)$ 　$\int_S \mathbf{E}_{c\infty} \cdot \mathbf{n}\, dS = 4\pi r^2 E_{c\infty}$,

　　　　　　　$\dfrac{1}{\varepsilon_0}\int_V \rho\, dV = \dfrac{Q-Q+Q}{\varepsilon_0} = \dfrac{Q}{\varepsilon_0}$,

　　　　　　　$\therefore E_{c\infty} = \dfrac{Q}{4\pi\varepsilon_0 r^2}$ [V/m]

となるので，次のように電界の大きさが求まる．

示したように

$$div\, \mathbf{E} = \lim_{\Delta V \to 0} \dfrac{\int_S \mathbf{E} \cdot \mathbf{n}\, dS}{\Delta V}$$

と書ける．微小な体積 $\Delta V \to 0$ の極限は単位体積当りを意味するので，$div\, \mathbf{E}$ は微小な閉曲面を通過する電気力線の数 N を体積 V で割ったものとなる．

式 (5.8) の右辺の $\int_V \rho\, dV$ は，閉曲面 S で囲まれた体積 V 内に含まれる電荷 ρ [C/m³] の総和 Q [C] を表している．

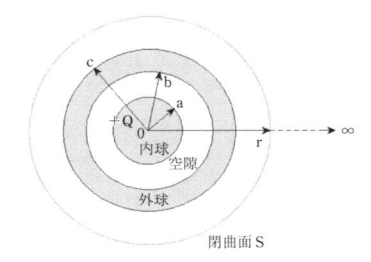

図 5.4 同心球導体（点対称な電界に適用するガウスの定理）

導体の性質

金属は自由に移動できる電荷，すなわち自由電荷（free electron）をもっている．自由電荷を含む物質を導体（conductor）という．

導体に単極性の電荷 $Q = q + q + \cdots$ を与える時，導体内部では各電荷 q により電界 E が形成されて，この電界による力 $F = qE$ を受けるので，導体の内部で電界が 0 になるまで導体の表面へ移動する．したがって，静電界における導体の性質は次のようになる．
(1) 導体の内部には電界は存在しない．
(2) 導体の内部には新たな電荷が帯電しない．
(3) 導体の電位は一定（等電位）である．

導体を静電界 E の中に置く時，導体内で移動できる正と負の電

荷は，電界による力を受けて各々逆の方向へ，導体の内部で電界が0になるまで導体表面に移動する．このように電界によって導体内の電荷分布が変化して，導体の表面に電荷が現れる現象を静電誘導という．

内球導体表面の電界（E_{ab} において $r=a$）：$E_a = \dfrac{Q}{4\pi\varepsilon_0 a^2}$ [V/m]

導体間の電界：$E_{ab} = \dfrac{Q}{4\pi\varepsilon_0 r^2}$ [V/m] $(a \leq r \leq b)$ …… 答え

(5.9)

外球導体の外側表面の電界（$E_{c\infty}$ において $r=c$）：

$$E_c = \dfrac{Q}{4\pi\varepsilon_0 c^2} \text{ [V/m]}$$

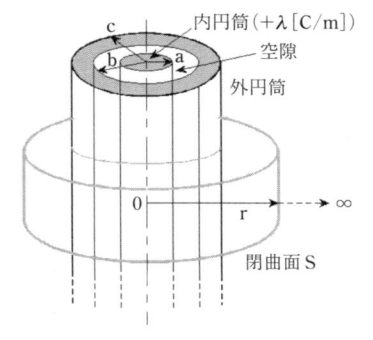

図5.5 同軸円筒導体

【例題5.2 軸対称な電界の場合】 図5.5に示すように半径 a [m] の内円筒導体と，内半径が b [m] で外半径が c [m] の中空の円筒導体から構成された無限に長い同軸円筒導体がある．内円筒導体に単位長さ当りの電荷密度 $+\lambda$ [C/m] を与えた時，中心からの距離を r [m] として，導体間の電界 E_{ab} [V/m] を求めてみよう．

[解] まず，導体に電荷を与えると次のような帯電状態になる．

初期値 ⇒ 静電誘導 ⇒ 帯電状態

内円筒導体 …… 内円筒導体の表面 ｝静電誘導により
$= +\lambda$ [C/m] $= +\lambda$ [C/m]　等量で異極性

外円筒導体 …… ｛外円筒導体の内側表面 $= -\lambda$ [C/m]
$= 0$ [C/m] 　　 外円筒導体の外側表面 $= +\lambda$ [C/m]｝外円筒は計 $= -\lambda + \lambda = 0$

次に，電界は円筒の中心Oを軸対称にして放射状に形成されるので，帯電円筒と中心を同じくする半径 r で軸方向の長さ1mの円筒表面Sを選ぶ．軸対称性より，電界は円筒側面上のどこでも等しい．r の各範囲でガウスの定理・式(5.8)を適用すると

$(a \leq r \leq b)$　左辺 $= \displaystyle\int_S \mathbf{E}_{ab} \cdot \mathbf{n}\, dS = 2\pi r \cdot E_{ab}$,

右辺 $= \dfrac{1}{\varepsilon_0} \displaystyle\int_V \rho\, dV = \dfrac{\lambda}{\varepsilon_0}$,

∴ $E_{ab} = \dfrac{\lambda}{2\pi\varepsilon_0 r}$ [V/m]

$(b \leq r \leq c)$　$\displaystyle\int_S \mathbf{E}_{bc} \cdot \mathbf{n}\, dS = 2\pi r \cdot E_{bc}$,　$\dfrac{1}{\varepsilon_0} \displaystyle\int_V \rho\, dV = \dfrac{\lambda - \lambda}{\varepsilon_0} = 0$

∴ $E_{bc} = 0$ [V/m]

$(c \leq r \leq \infty)$　$\displaystyle\int_S \mathbf{E}_{c\infty} \cdot \mathbf{n}\, dS = 2\pi r \cdot E_{c\infty}$,

$$\frac{1}{\varepsilon_0}\int_V \rho\, dV = \frac{\lambda - \lambda + \lambda}{\varepsilon_0} = \frac{\lambda}{\varepsilon_0},$$

$$\therefore E_{c\infty} = \frac{\lambda}{2\pi\varepsilon_0 r} \quad [\text{V/m}]$$

となり，次のように電界の大きさが求まる．

内円筒導体表面の電界（E_{ab} において $r=a$）：

$$E_a = \frac{\lambda}{2\pi\varepsilon_0 a} \quad [\text{V/m}]$$

導体間の電界：$E_{ab} = \dfrac{\lambda}{2\pi\varepsilon_0 r}\ [\text{V/m}]\ (a \leq r \leq b)$ …… 答え

(5.10)

外円筒導体の外側表面の電界（$E_{c\infty}$ において $r=c$）：

$$E_c = \frac{\lambda}{2\pi\varepsilon_0 c} \quad [\text{V/m}]$$

軸対称な電界に適用するガウスの定理

電荷密度 λ [C/m] による軸対称な電界の場合，高さが 1 m で半径 r の円筒状の閉曲面 S をつくると，ガウスの定理の左辺は

$$\int_S \mathbf{E}\cdot\mathbf{n}\, dS = \int_{側面 S} \mathbf{E}\cdot\mathbf{n}\, dS + \int_{上面 S} \mathbf{E}\cdot\mathbf{n}\, dS + \int_{下面 S} \mathbf{E}\cdot\mathbf{n}\, dS$$

に分割して

上面 S と下面 S では $\mathbf{E}\cdot\mathbf{n} = E\cdot n\cdot\cos 90° = 0$

側面 S では $\int_{側面 S} \mathbf{E}\cdot\mathbf{n}\, dS = E\cdot(2\pi r\,[\text{m}]\cdot 1\,[\text{m}])$

$\therefore \int_S \mathbf{E}\cdot\mathbf{n}\, dS = 2\pi r E$ となる．

ガウスの定理の右辺は

$\int_V \rho\, dV =$ 閉曲面内部の全電荷量

$\qquad = \lambda\,[\text{C/m}]\cdot 1\,[\text{m}]$ であるから

$$\frac{1}{\varepsilon_0}\int_V \rho\, dV = \frac{\lambda}{\varepsilon_0}\ となる．$$

したがって，側面 S 上での電界は $E = \dfrac{\lambda}{2\pi\varepsilon_0 r}\ [\text{V/m}]$ となる．

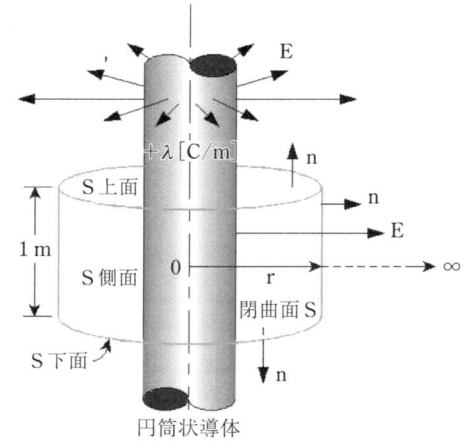

図 5.6 軸対称な電界に適用するガウスの定理

【例題 5.3　面対称な電界の場合】 図 5.7 に示すように広い面を持つ 2 枚の平板導体が間隔 d [m] で平行に配置した平行平板導体がある．一方の導体に電位差 $+V$ [V] を加え，他方を接地する時，平板導体に帯電する電荷 σ [C/m²] を求めてみよう．

[解] まず，左側の平板導体に電源より電位差 $+V$ を与えると，

面対称な電界とガウスの定理

電荷密度 σ [C/m²] による面対称な電界の場合，図 5.7 に示すように左右の底面積が 1 m² で中心からの長さが r の円筒状の閉曲面 S をつくると，ガウスの定理の左辺は

$$\int_S \mathbf{E}\cdot\mathbf{n}\, dS = \int_{左面 S} \mathbf{E}\cdot\mathbf{n}\, dS$$

$+\int_{右面 S} \mathbf{E}\cdot\mathbf{n}\,dS$

$+\int_{側面 S} \mathbf{E}\cdot\mathbf{n}\,dS$

に分割して
側面 S では $\mathbf{E}\cdot\mathbf{n} = E \cdot n \cdot \cos 90° = 0$
左右の面 S では

$\int_{左面 S} \mathbf{E}\cdot\mathbf{n}\,dS = \int_{右面 S} \mathbf{E}\cdot\mathbf{n}\,dS$
$= E \cdot (1\,[\text{m}^2])$

$\therefore \int_S \mathbf{E}\cdot\mathbf{n}\,dS = 2E$ となる．

ガウスの定理の右辺は
$\int_V \rho\,dV =$ 閉曲面内部の全電荷量
$= \sigma\,[\text{C/m}^2] \cdot 1\,[\text{m}^2]$

であるから
$\dfrac{1}{\varepsilon_0}\int_V \rho\,dV = \dfrac{\sigma}{\varepsilon_0}$ となる．

したがって，左面 S および右面 S 上での電界はそれぞれ $E = \dfrac{\sigma}{2\varepsilon_0}\,[\text{V/m}]$ となる．

帯電した平板導体からの電界は導体からの距離 x に依存しないことがわかる．

その平板導体には＋電荷が帯電する．ここでは，単位面積当りの電荷密度 $\sigma\,[\text{C/m}^2]$ を仮定すると，次のような帯電状態になる．

| 初期値 | ⇒ | 静電誘導 | ⇒ | 帯電状態 |

左側の平板導体1 ...... 導体の表面
$= +\sigma\,[\text{C/m}^2]$ $= +\sigma\,[\text{C/m}^2]$ ⎫ 静電誘導により
右側の平板導体2 ...... 導体の表面   ⎬ 等量で異極性
＝接地 $= -\sigma\,[\text{C/m}^2]$ ⎭

（接地面から $-\sigma$ が移動）

次に，導体間の電界は平板1の $+\sigma$ による電界と平板2の $-\sigma$ による電界の合成として一様に形成される．この両者の電界の向きは同じであるので，合成して電極間の電界を求めると次のようになる．

$E = $（平板導体1による電界）＋（平板導体2による電界）

$= \dfrac{\sigma}{2\varepsilon_0} + \dfrac{\sigma}{2\varepsilon_0} = \dfrac{\sigma}{\varepsilon_0}\,[\text{V/m}]$ \hfill (5.11)

さらに，平行平板導体間の電位差は $V\,[\text{V}] = E\,[\text{V/m}] \cdot d\,[\text{m}]$ の関係にあるので，平板導体に帯電する電荷 σ は次のように求まる．

$$\sigma = \varepsilon_0 E = \dfrac{\varepsilon_0}{d}V\,[\text{C/m}^2] \quad \cdots\cdots \text{答え}$$

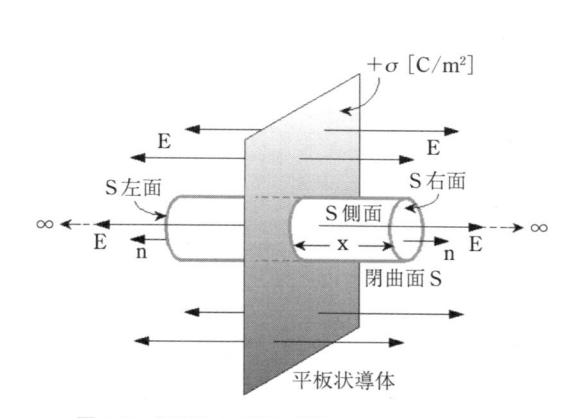

図5.7　面対称な電界に適用するガウスの定理

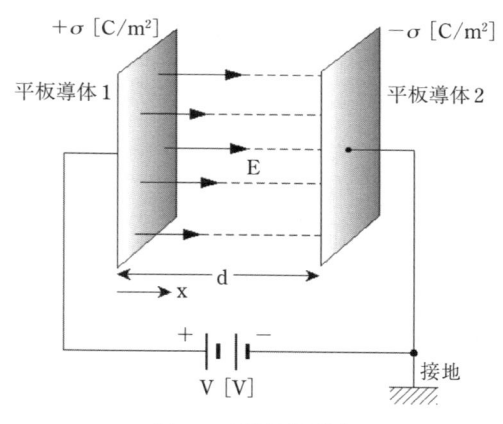

図5.8　平行平板導体

5.2 ポアソンの方程式がわかればラプラスの方程式はいらない

電位は，電界 E の中で1つの単位正電荷（+1 [C]）を基準点から任意の点まで運ぶ時の仕事 W に相当する．
$\text{grad }V$ はスカラ関数 $V(x, y, z)$ に対して演算を行う．その結果はベクトル $\mathbf{E}$ になる．

これまでは対称性を有する電荷分布，または電界分布についてガウスの定理が有用であることを述べた．しかし，実際にはその対称性が必ずしも成立するとは限らない．**対称性をもたない場合でも適用できるよう，積分の表現から微分表現に変更することを考える．**電荷と電界，ならびに電位の関係を微分表現してみよう．

電界 E [V/m] と電位 V [V] の関係は，後述する第8章の式 (8.15) に示すように

$$\mathbf{E} = -grad\,V$$

のように表すことができる．また，電界 E と単位体積当りの電荷密度 ρ [C/m³] の関係は，式 (5.7) に示したように

$$div\,\mathbf{E} = \frac{\rho}{\varepsilon_0}$$

であった．これらの関係式を組み合わせると

$$div\,\mathbf{E} = div\cdot(-grad\,V) = -\nabla^2 V = \frac{\rho}{\varepsilon_0},$$

$$\therefore \nabla^2 V = -\frac{\rho}{\varepsilon_0} \tag{5.12}$$

となる．これが電荷と電位の関係を微分表現した式である．式 (5.12) をポアソンの方程式（Poisson's equation）という．また，電気力線の端に位置しない点では電荷がない（$\rho=0$）ので

$$\nabla^2 V = 0 \tag{5.13}$$

となる．この式はラプラスの方程式（Laplace's equation）といわれ，ポアソンの方程式の特別な場合に相当している．ポアソンの方程式とラプラスの方程式は，空間微分による表現であり，電界中の任意の点（位置）において成り立つ．

> 電界 E は電位 V の傾斜（gradient）という意味を持つ．
>
> $grad\,V$ の大きさは，電位 V の傾斜の大きさを座標 (x, y, z) の各成分で表す．
> $grad\,V$ の向きは，その傾斜が最大である方向を示す．
>
> 微分による表現は，一般に空間の中では点として定義される．実際，点は単位体積当りの密度として表現される．
>
> ポアソンの方程式の適用は，まず，座標 (x, y, z) の関数として電荷分布 $\rho(x, y, z)$ を条件に選び，式 (5.12) の微分方程式を解けば，電位 $V(x, y, z)$ が求められることを意味している．
> 次いで，電位 $V(x, y, z)$ が求まれば，式 (8.15) から電界 $E(x, y, z)$ が求められることになる．
>
> 電界 E は電荷が原因で生じ，電位 V は電界 E の位置エネルギーを表したものとなるから，空間内の電荷分布とその量の状態により電位はポアソンの方程式を満たすように空間の位置で一意に定まることになる．

演習問題

5.1 半径 a [m] の内球導体と，内半径が b [m] で外半径が c [m] の中空球導体から構成された同心球導体がある．内球導体に $+Q$ [C] を与え，外球導体を接地した時，中心からの距離を r [m] として，導体間（$a \leq r \leq b$）の電界 E_{ab} [V/m] と外球導体の外側（$c \leq r \leq \infty$）における電界 $E_{c\infty}$ [V/m] を求めよ．

5.2 問 5.1 と同じ同心球導体がある．内球導体に電位 $+V$ [V] を与え，外球導体を接地した時，中心からの距離を r [m] として次のものを求めよ．

(1) 内球導体に帯電する電荷 Q [C]，(2) 導体間（$a \leq r \leq b$）の電界 E_{ab} [V/m]

5.3 半径 a [m] の内円筒導体と，内半径が b [m] で外半径が c [m] の中空円筒導体から構成され

た同軸円筒導体がある．内円筒導体に電位 $+V$ [V] を与え，外円筒導体を接地した時，中心からの距離を r [m] として次のものを求めよ．

 (1) 内円筒導体に帯電する電荷 λ [C/m]， (2) 導体間 ($a \leqq r \leqq b$) の電界 E_{ab} [V/m]

5.4 2枚の平行な平板導体がある．導体間に電位差 $V=1$ [kV] を加えて，電子 e を陰極から陽極へ向けて加速させた．電子が陽極に到達する時の速度 u [m/s] を求めよ．ただし，電極間の間隔は $d=15$ mm，電子が陰極を離れる時の初速度は 0 [m/s]，電子に働く重力を無視する．

5.5 原点 O からの距離 r [m] における位置の電位が $V = -\dfrac{1}{4\pi\varepsilon_0}\exp\left(-\dfrac{2r}{a}\right)$ [V] で表される時，その位置の空間電荷密度 ρ [C/m³] を求めよ．ただし，$\mathbf{r} = x\mathbf{i} + y\mathbf{j} + z\mathbf{k}$ [m] とする．

6
コンデンサ

電気を一時的に蓄える装置をコンデンサ（condenser）という．電気回路では電気を蓄えるほかに，直流電流を遮り交流電流を通す役割がある．コンデンサはどのように電気を蓄えるのだろうか，また複数のコンデンサを接続したらどのような振る舞いをするのだろうか．

6.1 異符合の電荷は集まりやすい

3章で学んだように，電荷には正と負の2種類あり，同種の電荷は反発し合い，異種の電荷は引き合う．したがって，同じ種類の電荷だけを蓄えようとしても，互いに反発しあうため，多くは蓄えられない．しかし，正の電荷の近くに負の電荷をもってくるとそれらが互いに引き合うので，多くの電荷を蓄えることができる．

図6.1 (a) に示すように2つの導体を相対しておき，導体Aに電池の正極をつなぎ，電圧をかけると，導体Aに正電荷が現れる．一方，導体Bには静電誘導でそれと等量の正と負の電荷が現れる．ここで図6.1 (b) のように，導体Bを接地すると，正電荷は大地に流れ出し，導体Bには負電荷だけが残る．このため，Aの正電荷は一層増加し，同時にBの負電荷も増加する．このように，正・負の電荷が互いに引き寄せられ，A, Bの向かい合った面上に集まり，電気が蓄えられる．特に**電荷を蓄えることを目的とした導体の対のことをコンデンサ**という．

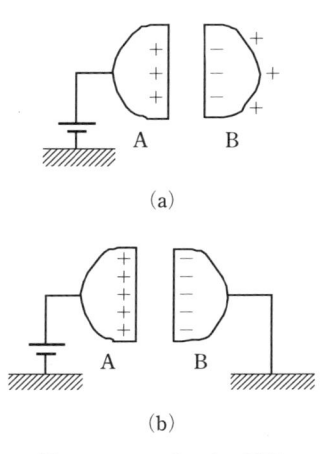

図6.1 コンデンサの原理

6.2 コンデンサは電荷を蓄えるか

6.2.1 コンデンサの能力を示す電気容量

最も簡単なコンデンサとして，図6.2のような，2枚の金属板（metal plate）（電極板：electrode plateともいう）を平行に向かい合わせた平行平板コンデンサを考える．いま，電極板Aに$+Q$，電極板Bに$-Q$が蓄えられているとき，**コンデンサに蓄えられている**

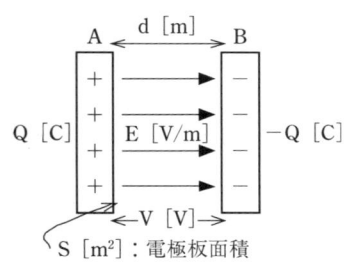

図 6.2 平行平板コンデンサ

正味の電荷量はゼロである．しかし，この状態をコンデンサに蓄えられている電荷量が Q であるという．つまり，コンデンサの電極板上の電荷量の絶対値 Q [C] のことをコンデンサに蓄えられている電荷量とよぶ．

そして，**コンデンサに蓄えられる電荷量 Q は2枚の電極板間の電位差 V に比例する．**すなわち

$$Q = CV \quad [\text{C}] \tag{6.1}$$

の関係にある．ここで**比例定数 C をコンデンサの電気容量（capacitance：キャパシタンス）**とよび，電荷を蓄えることのできる能力を表している．電気容量 C の値は電極板の形，大きさ，配置，電極板間の絶縁物（insulator）の種類など**幾何学的構造だけで決まり，蓄えられている電荷量 Q や電位差 V には関係しない．**

電気容量の単位は式（6.1）からわかるように，[C/V] であるが，よく使われる単位なので特別の名前，[F：Farad ファラド] が用いられる．つまり，コンデンサに 1 [V] の電圧をかけ，1 [Q] の電荷が蓄えられるとき，その電気容量を 1 [F] とする．しかし普通のコンデンサの電気容量は 1 [F] に比べ非常に小さいので，実用上の便利のため次の単位を用いる場合が多い．

1 μF（マイクロファラド）= 1×10^{-6} F，
1 pF（ピコファラド）= 1×10^{-12} F

6.2.2 平行平板コンデンサの場合

図 6.2 のように面積 S の2枚の電極板を距離 d 隔て平行に置き，電極板間を空気（誘電率は ε_0 にほとんど等しい）とした平行平板コンデンサの電気容量の値を求める．電極板間の距離 d が面積 S に比

ファラデー紹介

コンデンサの電気容量の単位 [F：ファラド] はファラデー（Faraday）の名に由来する．ファラデーは 1791 年，鍛冶職人の3番目の息子としてロンドン近郊で生まれた．一家は全部で 10 人もの子供をかかえ，家庭は非常に貧しかったので小学校しか卒業できず，13 歳のときに製本工場で見習いとして働きはじめた．そこでファラデーは科学系の本に興味をもち，無我夢中で読んだという．ファラデーは絵を描くのが非常に上手く，科学系の本にある実験装置などを見事に書き写したといわれている．

1813 年，ファラデーが 22 歳のとき，当時大化学者であったデイヴィの実験助手となった．その後ファラデーは，ベンゼン（1825 年），金コロイド（1857 年），塩素の液化（1823 年），電磁誘導現象（1821 年），電気分解の法則（1833 年）など次々と発見した，極めて優れた科学者であった．彼の師デイヴィの言葉に，「私の最大の発見はファラデーである」とある．

べ小さければ電極板上に電荷が一様に分布し，電極板間の電界の大きさはどこでも同じで電極板に垂直とみなせる（実際には電極板の端部の電界は電極板に垂直となっていないが，実用上この影響は無視できる）．

いま，電極板に $+Q$，$-Q$ [C] の電荷を与えたとき，両電極板間の電位差が V [V]，電界の大きさが E [V/m] になったとする．電極板上の電荷密度は Q/S [C/m²] なので，ガウスの定理より，電極板間の電界大きさ E は

$$E = Q/(\varepsilon_0 S) \quad [\text{V/m}] \tag{6.2}$$

また，両電極板間の電位差は，

$$V = Ed \quad [\text{V}] \tag{6.3}$$

である（詳細は第8章）．

したがって，式 (6.1)，(6.2) および式 (6.3) より平行平板コンデンサの電気容量は，

$$\boxed{C = Q/V = \varepsilon_0 S/d \quad [\text{F}]} \tag{6.4}$$

となる．つまり，**平行平板コンデンサの電気容量は，電極板の面積に比例し，電極板間の距離に反比例する**．したがって，大きな容量をもつコンデンサをつくるには，面積を大きくすること，電極間の距離を小さくすること，および電極間を誘電率の大きな物質で満たせばよい．

コンデンサと貯水池：コンデンサは電気（水）を蓄える円筒の蓄電池（貯水池）と考えるとよい．表 6.1 のように，貯水池に出入りする水流量は電流に相当し，円筒形の池の広さ（底面積）はコンデンサの容量に，また貯まった水の深さ（水位）は電位とみなすとわかりやすい．

表 6.1 コンデンサと円筒形貯水池の類似関係

貯水池（円筒形）	コンデンサ
面積：S [m²]	容量：C [F]
水位：L [m]	電位：V [V]
貯水量：$W = S \times L$ [m³]	蓄電量：$Q = C \times V$ [C]
貯水量の変化：水流 P [m³/s]	蓄電量の変化：電流 I [A]

蓄えられている電荷量と電位や容量の関係は，貯水池の水量と水位，湖底の面積との関係と同じで，簡単に理解できる．貯水能力はダムのサイズできまるようにコンデンサの蓄電能力は物理的構造（電位容量 C）で決まる．さらに，貯水量，水位，サイズ（S m²）や流れ込む水流の関係と同様に，コンデンサに蓄えられている電荷量 Q が一定なら，容量 C を大きくすれば，電位 V は小さくなる．電位 V を一定にして容量 C を大きくすると蓄えられる電荷量 Q は大きくなる．

【例題 6.1】 電極板の面積 1 m²，電極板間の距離 1 cm の平行板コンデンサに 2×10^{-8} [C] の電荷が蓄えられているとき，
(1) このコンデンサの電気容量を求めよ．
(2) 電極板間の電界の大きさを求めよ．
(3) 電極間の電位差を求めよ．

［例解］
(1) 式 (6.4) より，
$$C = \varepsilon_0 S/d = 8.85 \times 10^{-12} \times 1/(1 \times 10^{-2}) = 8.85 \times 10^{-10} \quad [\text{F}]$$
(2) 式 (6.2) より，
$$E = Q/(\varepsilon_0 S) = 2 \times 10^{-8}/(8.85 \times 10^{-12} \times 1) = 2.26 \times 10^3 \quad [\text{V/m}]$$
(3) 式 (6.3) より，
$$V = Ed = 2.26 \times 10^3 \times 1 \times 10^{-2} = 2.26 \times 10 \quad [\text{V}]$$

6.3 コンデンサをつなぐとどうなるか

一般に複数のコンデンサを適当に接続することで，等価的に電気容量を変えることができる．コンデンサの接続には並列接続（parallel connection）と直列接続（series connection）の2つの基本的な組み合わせがある．

6.3.1 並列に接続した場合

この接続は複数のコンデンサ（ここでは電気容量がそれぞれ C_1，C_2 および C_3 の3個のコンデンサ）の電極板を図6.3のように並列につなぎ，コンデンサに加える電圧を共通にするものである．

いま，共通電圧を V とすると，コンデンサ C_1，C_2 および C_3 に蓄えられる電気量は式（6.1）より，それぞれ

$$Q_1 = C_1 V, \quad Q_2 = C_2 V, \quad Q_3 = C_3 V \tag{6.5}$$

したがって，端子 A-B からみた全電気量 Q は各コンデンサに蓄えられている電気量の和になるので

$$\begin{aligned} Q &= Q_1 + Q_2 + Q_3 = C_1 V + C_2 V + C_3 V \\ &= (C_1 + C_2 + C_3) V \end{aligned} \tag{6.6}$$

となる．また，端子 A-B からみた全電気容量（合成容量）を C とすると $Q = CV$ の関係から

$$\boxed{C = C_1 + C_2 + C_3} \tag{6.7}$$

となる．すなわち**並列接続での合成容量は，各コンデンサの電気容量の和**となる．この結果は次式のように，n 個のコンデンサの並列接続にも簡単に拡張できる．

$$\boxed{C = \sum_{i=1}^{n} C_i} \tag{6.8}$$

つまり，コンデンサを並列につなぐと電荷を蓄える能力が単純に加算

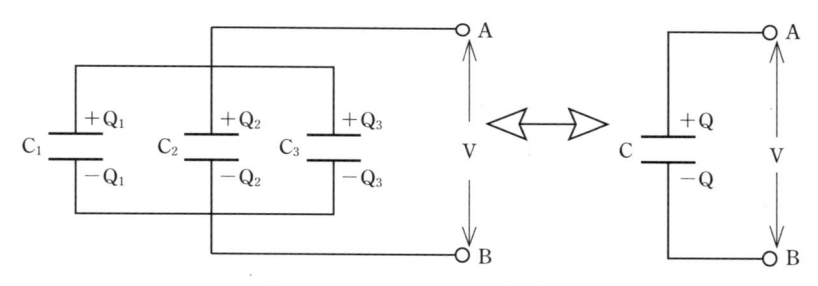

図6.3 コンデンサの並列接続

されることになる．

6.3.2 直列に接続した場合

直列接続は，図 6.4 のように複数のコンデンサ（ここでは電気容量がそれぞれ C_1, C_2 および C_3 [F] の3個のコンデンサ）の電極板を交互に直列につなぎ，端子 A, B に電圧 V を加えるものである．この接続では各コンデンサに蓄えられる電気量 Q が等しくなる．この理由は一番外側の電極板に $+Q$，$-Q$ の電荷が生じると，中間の電極板は静電誘導により同じ大きさで異符号の電荷が交互に現れ，結局すべてのコンデンサに Q の等しい電荷が蓄えられることになるからである．

電気容量がそれぞれ C_1, C_2 および C_3 [F] のコンデンサに蓄えられる電荷量が Q [C] なので，各コンデンサの両端の電圧 V_1, V_2 および V_3 [V] は

$$V_1 = Q/C_1, \quad V_2 = Q/C_2, \quad V_3 = Q/C_3 \tag{6.9}$$

となる．コンデンサ全体の両端 A, B 間の電圧 V は

$$V = V_1 + V_2 + V_3 = Q/C_1 + Q/C_2 + Q/C_3$$
$$= (1/C_1 + 1/C_2 + 1/C_3) Q \tag{6.10}$$

となるから，直列接続のときの合成容量を C とすると，$V = Q/C$ より

$$\boxed{1/C = 1/C_1 + 1/C_2 + 1/C_3} \tag{6.11}$$

の関係が成り立つ．この結果は次式のように，n 個のコンデンサの直列接続にも簡単に拡張できる．

$$\boxed{1/C = \sum_{i=1}^{n} 1/C_i} \tag{6.12}$$

すなわち，**直列接続では合成容量の逆数は各コンデンサの電気容量の逆数の和**になっている．これは，コンデンサを直列につなぐと，電荷を蓄える能力はそれぞれのコンデンサより小さくなることを示している．

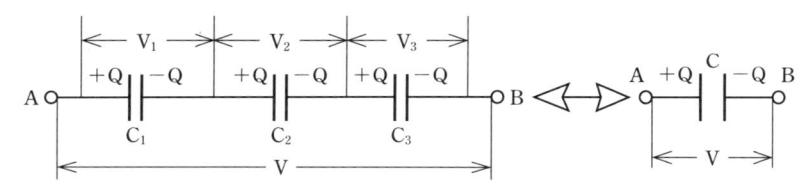

図 6.4 コンデンサの直列接続

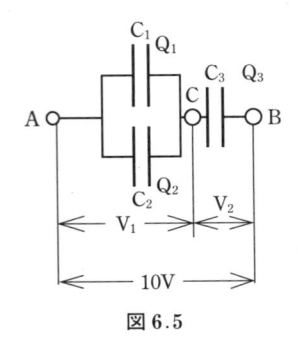

【例題6.2】 $C_1=1\,\mu\text{F}$，$C_2=2\,\mu\text{F}$ および $C_3=3\,\mu\text{F}$ のコンデンサを図6.5のように接続し，端子A，B間に10 Vの電圧を加えた．以下の問に答えよ．
(1) 端子A，C間の電圧 V_1 および C，B間の電圧 V_2 を求めよ．
(2) 各コンデンサに蓄えられる電荷量，Q_1，Q_2 および Q_3 を求めよ．

図6.5

[解]
(1) 各電荷，電気容量および電圧の間は式（6.5）より
$$Q_1=C_1V_1,\quad Q_2=C_2V_1,\quad Q_3=C_3V_2$$
また，
$$Q_3=Q_1+Q_2,\quad V_1+V_2=10$$
これらより，Q_1, Q_2, Q_3 を消去し，電圧と電気容量の関係を導くと以下のようになる．
$$V_1=10\times C_3/(C_1+C_2+C_3)$$
$$=10\times 3\times 10^{-6}/(1+2+3)\times 10^{-6}=5\,[\text{V}]$$
$$V_2=10\times (C_1+C_2)/(C_1+C_2+C_3)$$
$$=10\times (1+2)\times 10^{-6}/(1+2+3)\times 10^{-6}=5\,[\text{V}]$$
(3) $Q_1=C_1V_1=1\times 10^{-6}\times 5=5\times 10^{-6}\,[\text{C}]$
$Q_2=C_2V_1=2\times 10^{-6}\times 5=10\times 10^{-6}\,[\text{C}]$
$Q_3=C_3V_2=3\times 10^{-6}\times 5=15\times 10^{-6}\,[\text{C}]$

演習問題

6.1 地球を半径が 6370 km の完全な球形導体とみなしたとき，その静電容量はいくらか．

6.2 2枚の半径 R の導体円板が距離 d で平行に置かれている，平行円板コンデンサがある．電極板間を空気で満たしているとき，以下の問に答えよ．ただし，空気の誘電率を ε_0 とする．
(1) この平行円板コンデンサの容量 C_0 を求めよ．
(2) 円板の半径を2倍にしたら容量は C_0 の何倍になるか．
(3) 電極板間の距離を2倍にしたら容量は C_0 の何倍になるか．
(4) このコンデンサを比誘電率 ε_r の油にそっくり浸したとき，容量は C_0 の何倍になるか．

6.3 面積 200 cm² の絶縁した2枚の金属板を互いに平行に1 cmの距離で置き，電圧を加えたところ，電極板間の電界が $10^4\,[\text{V/m}]$ であった．以下の問に答えよ．ただし，$\varepsilon_0=8.85\times 10^{-12}\,[\text{C}^2/\text{N}\cdot\text{m}^2]$ とする．次の問に答えよ．
(1) 両電極板間の電位差を求めよ．
(2) 電気容量を求めよ．
(3) 蓄えられている電気量を求めよ．

(4) 蓄えられている静電エネルギーを求めよ．

6.4 図 6.6 のように 5 V の電源に 3 個のコンデンサが接続されている．

(1) A—C 間の等価電気容量を求めよ．
(2) A—B 間の等価電気容量を求めよ．
(3) B—C 間の電圧を求めよ．
(4) 3.0 μF のコンデンサに蓄えられる電気量を求めよ．

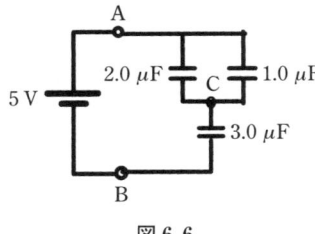

図 6.6

7 誘電体

絶縁体は電流を流さないが静電界は通すので誘電体とよばれる．この誘電体は電気的にどんな性質をもっているのか．この特徴を表現するために新たな場を導入しよう．

7.1 導体と絶縁体と半導体の違い

物体には銅やアルミニウムなど金属のように電気をよく伝える導体と，ガラス，プラスチックや純水のように電気をほとんど伝えない絶縁体（不導体ともいう：insulator）がある．さらに，シリコン（Si）やゲルマニウム（Ge）のように導体と絶縁体の中間の性質を持つ半導体（semiconductor）がある．

a．導体とは 導体はその内部に原子核の束縛から離れてふらふらと自由に動くことのできる電子（自由電子：free electron とよぶ）があり，この電子の移動が電気を伝える．いま，導体を電界の中に置いてみる．そうすると，**導体内部の自由電子は電界の力を受けて移動する**．自由電子は電界の正の導体表面に集まる．導体内部で自由電子は電界がなくなるまで移動し続け，電界がゼロになると静止する．この移動は瞬時に起こるので，電界中の導体では図 7.1 のようになる．また，図 7.2 のように帯電体を導体に近づけると，帯電体と逆符号の電荷が導体表面に現れ，帯電体から離れた導体の表面には帯電体と同じ符号の電荷が現れる．これが静電誘導（electrostatic induction）である．

b．絶縁体とは 絶縁体はその内部の電子が原子核から離れることができず，自由電子をもたない物質である．しかし，電界の中に絶縁体を置くと，正の電荷をもつ原子核と負の電荷をもつ電子が電界の力を受け，図 7.3 に示すように引き伸ばされ，正と負の電荷の中心が少しずれる．この現象を（誘電）分極（(dielectric) polarization）という．このとき絶縁体の内部は正電荷と負電荷が打ち消しあい電気的には中性であるが，絶縁体の表面には正の電界側には負の電荷が，

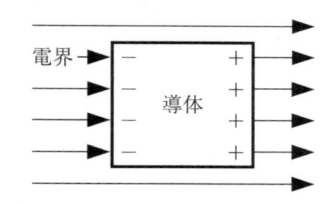

図 7.1 電界中の導体

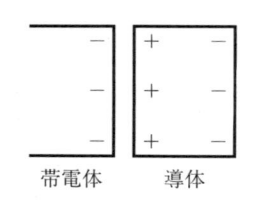

図 7.2 静電誘導

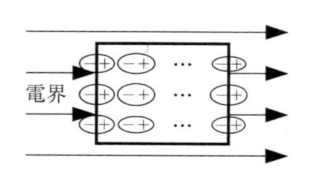

図 7.3 電界中の誘電体

負の電界側には正の電荷がにじみ出てくる．この表面に現れた電荷を分極電荷（electric polarization charge）とよぶ．誘電分極は絶縁体に生じる静電誘導であり，この現象から**絶縁体のことを誘電体（dielectrics または dielectric materials）ともいう**．分極電荷は原子や分子に束縛された電荷なので，単独に取り出すことはできない．これに対して，前述の**導体表面に現れる電荷は取り出せるので，真電荷（true charge）とよぶ**．

また，**電界によってその絶縁体がどれくらい分極しやすいかを表すものが誘電率（dielectric constant）である**．すなわち，絶縁体としての性能を評価する1つの基準で，分極が大きな絶縁体は誘電率も大きい．

c．半導体とは　半導体は，電気を通す導体や電気を通さない絶縁体に対して，それらの中間的な性質を示す物質である．半導体の多くがシリコン（Si）やゲルマニウム（Ge）を主原料としている．

4価（原子の最外核電子数が4つ，という意味）のシリコン結晶は，電気がやや流れにくいという程度の性質しかもたないが，これに微量のホウ素（B）など3価の元素を加えることでp型半導体を，微量の砒素（As）など5価の元素を加えることでn型半導体をつくることができる．伝導性は多数キャリア（majority carrier）すなわち，n型半導体では電子（自由電子：free electron），p型半導体では正孔（hole）を通じて担われる．

半導体素子，あるいはその集積体であるIC（集積回路）といった電子部品は，このp型半導体，n型半導体の性質を利用してつくられている．

7.2　電気容量を変える誘電体

ファラデーはコンデンサの電極板の間を空気にしておくより，絶縁体（誘電体）を挿入すると，同じ電圧でも蓄えられる電気量が増えることを示した．いま，図7.4(a)のように電気容量が C のコンデンサに電位差 V の電池をつなぐと，式(6.1)より，$Q=CV$ の電荷が電極板上に蓄えられる．この状態で，図7.4(b)のように電極板の間に誘電体を挿入すると，蓄えられる電荷量は増え，$Q+q$ [C]になる．これは，電極板間に絶縁体を挿入したことで，コンデンサの電気容量が $\varkappa$ 倍に増え，$\varkappa C$ となったことを意味している．この $\varkappa$ は誘電体に特有の定数で比誘電率（relative dielectric constant）とよばれている．

先にみたように，電極板間が空気（または真空）の場合の平行平板コンデンサの電気容量は，電極板の面積に比例し，電極板間の距離 d に反比例し，

$$C = \varepsilon_0 S/d \quad [\text{F}] \tag{7.1}$$

で表された．したがって，**比誘電率が x の誘電体が電極板間に挿入された平行平板コンデンサの電気容量 C' は次式で与えられる**．

$$C' = x\varepsilon_0 S/d = xC \quad [\text{F}] \tag{7.2}$$

つまり，**形状が同じでも電極板間が誘電体で満たされていると，電気容量が x 倍に大きくなる**ことを示している．

また，誘電体の誘電率 ε は比誘電率 x を使って，

$$\varepsilon = x\varepsilon_0 \quad [\text{F/m}] \tag{7.3}$$

で表すことができる．すなわち，比誘電率 x は空気（または真空）に比べて，その誘電体の誘電率が何倍になるかを示すものである．表7.1にはいろいろな誘電体の比誘電率を示した．

電極板上の電荷量 Q を一定にして，電極板間に誘電体を挿入すると，$Q = CV$ の関係があるので，式（7.2）より電気容量が x 倍になった分だけ次式で示すように電位差が $1/x$ 倍になることを意味している．

$$Q = CV = C'V' = xCV' \quad [\text{C}]$$
$$\therefore \quad V' = V/x \tag{7.4}$$

さらに，電位差 V は電界強度 E と電極間の距離 d の積で与えられ（$V = Ed$），かつ電極間の距離は変わらないので，誘電体を挿入したことにより電極間の電界の強さが $1/x$ 倍になったことが理解できる．

$$E = E_0/x \quad [\text{V/m}] \tag{7.5}$$

つまり，**誘電体中の電界 E は真空中の電界 E_0 の $1/x$ 倍に小さくなる**．

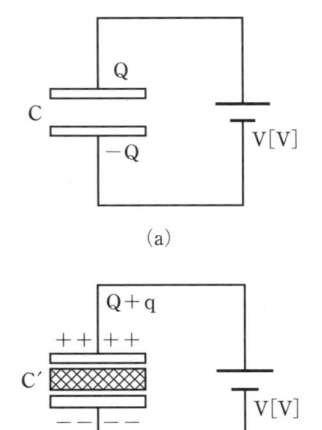

図7.4 コンデンサと誘電体の働き

表7.1 いろいろな物質の比誘電率

物質名	比誘電率（常温）
空気	1.00055
変圧器油	2.4
エチルアルコール	25.8
水	80.7
パラフィン	1.9〜2.4
磁器	5.0〜6.5
チタン酸バリウム	約5000
白マイカ	6〜8
木材	2〜3
紙	1.2〜2.6

【例題7.1】 半径 4 cm の金属板を 5 mm の間隔離した平行平板コンデンサについて以下の問に答えよ．
(1) 電極板間が空気（または真空）のとき，コンデンサの電気容量 C_0 を求めよ．
(2) 電極板間に比誘電率10の誘電体を一杯につめたときの電気容量 C を求めよ．
(3) (2)の状態で電極板間に 50 V の電圧をかけると，どれだけの電荷が蓄えられるか．

[解]
(1) 式 (7.1) より $C_0 = \varepsilon_0 S/d = 8.85 \times 10^{-12} \times (0.04)^2 \pi / 0.005 = 8.89 \times 10^{-12}$ [F]
(2) 式 (7.2) より $C = \chi C_0 = 10 \times 8.89 \times 10^{-12} = 8.89 \times 10^{-11}$ [F]
(3) 式 (6.1) より, $Q = CV = 8.89 \times 10^{-11} \times 50 = 4.45 \times 10^{-9}$ [C]

7.3 誘電体中の電束密度とは

電界 E の中に置かれた**誘電体の分極の量は，電界により移動した正電荷の単位面積当りの量で表す**．つまり，図 7.5 のように誘電体内の任意の 1 点において電界の方向に対し垂直な微小面積 ΔS [m²] を ΔQ [C] の正電荷が分極により通過したとき，分極の大きさ P は

$$P = \Delta Q / \Delta S \quad [\text{C/m}^2] \tag{7.6}$$

で与えられる．また，分極は正電荷の移動する方向（誘電体内部の電界と同じ方向）を向きとし，ベクトル量 **P** で表し，これを分極ベクトル (polarization vector) とよぶ．したがって，誘電体の表面ににじみ出てくる分極電荷の密度 σ_p は誘電体の表面の法線ベクトルを **n** とすると，図 7.6 のように

$$\sigma_\text{p} = \mathbf{P} \cdot \mathbf{n} = P \cos \theta \quad [\text{C/m}^2] \tag{7.7}$$

で表される．また，分極 **P** の大きさは誘電体にかかる電界 **E** に比例するので，次式で表される．

$$\boxed{\mathbf{P} = \chi_\text{e} \varepsilon_0 \mathbf{E}} \tag{7.8}$$

ここで，χ_e は誘電体の電気感受率 (electric susceptibility) とよばれ，比誘電率 χ とは次の関係にある．

$$\boxed{\chi = 1 + \chi_\text{e}} \tag{7.9}$$

さて，図 7.7 に電極板間に誘電体が挿入された平行平板コンデンサを示す．電極板上の電荷密度，すなわち真電荷の密度を $\pm \sigma$，これに対面する誘電体表面の分極電荷の密度を $\pm \sigma_\text{p}$ とする．また，電極板上の電荷密度すなわち真電荷より発生した外部電界を $\mathbf{E}_0$，誘電体の表面の分極電荷により発生した電界を $\mathbf{E}'$ とすると，誘電体の内部に生じる合成電界 **E** は $\mathbf{E}'$ と $\mathbf{E}_0$ のベクトル和になる．すなわち，**電界は誘電体が存在してもその分極電荷だけを残して誘電体を取り去って考えればよいことを示している**．したがって，$\mathbf{E}'$ の方向は $\mathbf{E}_0$ と反対向きとなるので，合成電界 **E** は図 7.7 に示すように，$\mathbf{E}_0$ 方向をもつが，大きさは次式で与えられるように $\mathbf{E}_0$ に比べ小さくなっている．

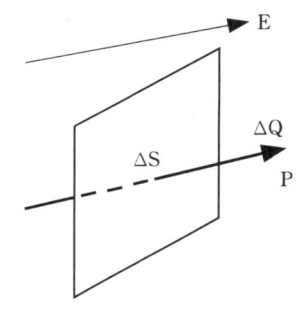

図 7.5 分極ベクトル

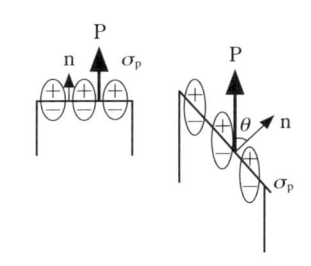

図 7.6 分極による表面電荷密度

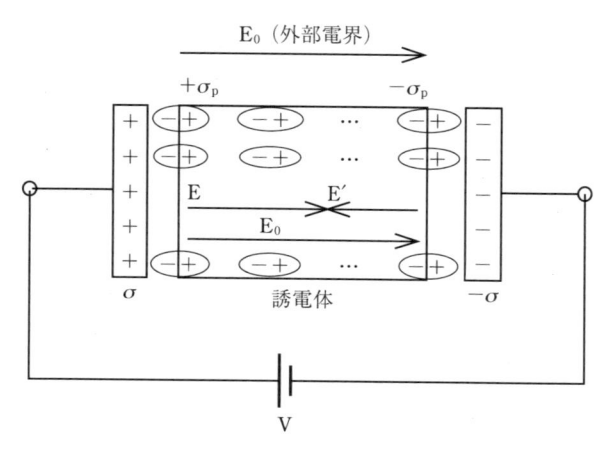

図7.7 電界と誘電体の分極

$$E = E_0 - E' = (\sigma/\varepsilon_0) - (\sigma_p/\varepsilon_0) = (\sigma - \sigma_p)/\varepsilon_0 < E_0 \quad (7.10)$$

また，式(7.7)より平行板コンデンサでは分極電荷密度と分極ベクトルの大きさが等しいので，$\sigma_p = P$と書ける．したがって，式(7.10)より

$$E = E_0 - E' = E_0 - (P/\varepsilon_0) \quad (7.11)$$

すなわち，誘電体の中の電界は分極の影響の分だけ小さくなることを示している．

式(7.11)を変形して，

$$\varepsilon_0 E_0 = \varepsilon_0 E + P \quad [\text{C/m}^2] \quad (7.12)$$

と書ける．つまり，式(7.12)の左辺は真電荷の密度σを表しており，これが右辺の誘電体内部の電界の強さに真空中の誘電率を乗じた値と分極ベクトルの大きさの和に等しいことを示している．この式から，**電極板上の電荷密度が一定の場合，分極Pが大きな誘電体ほどその内部の電界Eは小さくなることを示している．**

また，式(7.12)の右辺を電束密度（electric flux density：**D**）あるいは電気変位（electric displacement）とよんでいる．すなわち，

$$\boxed{\mathbf{D} = \varepsilon_0 \mathbf{E} + \mathbf{P} \quad [\text{C/m}^2]} \quad (7.13)$$

図7.7のコンデンサの電極板と誘電体の間，および誘電体の内部について，電束密度の大きさDを示すと次式のようになる．

電極板と誘電体の間は真空（または空気）なので：
$$D = \varepsilon_0 E + P = \varepsilon_0(\sigma/\varepsilon_0) + 0 = \sigma$$

誘電体の内部では：
$$D = \varepsilon_0 E + P = \varepsilon_0(\sigma - \sigma_p)/\varepsilon_0 + \sigma_p = \sigma$$

すなわち，誘電体の内部も外部も電束密度の大きさDは等しく，真

空中と同じ値（真電荷の密度：σ），となることがわかる．いい換えると，**電束密度 D で考えれば誘電体の存在は無視できることになる**．

また，式 (7.8) を **D** の定義式 (7.13) に代入し，式 (7.9) の比誘電率 χ を用いると，

$$\begin{aligned}\mathbf{D} &= \varepsilon_0 \mathbf{E} + \mathbf{P} = \varepsilon_0 \mathbf{E} + \chi_e \varepsilon_0 \mathbf{E} \\ &= (1+\chi_e)\varepsilon_0 \mathbf{E} = \chi \varepsilon_0 \mathbf{E} = \varepsilon \mathbf{E}\end{aligned} \quad (7.14)$$

が得られる．すなわち，**任意の点の電束密度 D は，その点の電界強度 E とその点の誘電率 ε の積で与えられる**．同じことだが，式 (7.14) を $\mathbf{E} = \mathbf{D}/\varepsilon$ と書くと，誘電体中の電界 **E** は誘電率 ε により変化することがわかる．したがって，誘電体内部の電界を求める場合，電束密度を先に求めておき，そこから電界を計算する方が簡単である．

電束密度 **D** は式 (7.13) で与えられるように，空間の各点で定義されたベクトル量であり，電界における電気力線と同じように **D** の方向と一致した曲線群として電束線 (line of electric flux) を考えることができる．**電束密度は真電荷だけに関係しているので，誘電体の存在で電気力線のように不連続になることはない**．

【例題 7.2】 図 7.8 のように厚さ d_1, d_2 で誘電率が ε_1, ε_2 の 2 種類の誘電体をはさんで電極板を取り付け，電圧 V をかけたとき，電極板上に生じる電荷密度 σ を求めよ．

図 7.8

[解] 各部の電界の強さを E_1, E_2 とすると，$D = \sigma$ であるから，
$$E_1 = D/\varepsilon_1 = \sigma/\varepsilon_1, \quad E_2 = D/\varepsilon_2 = \sigma/\varepsilon_2,$$
また，電極板間の電位差 V は上の式を用いて，
$$V = E_1 d_1 + E_2 d_2 = \sigma(d_1/\varepsilon_1 + d_2/\varepsilon_2)$$
これから
$$\sigma = V/(d_1/\varepsilon_1 + d_2/\varepsilon_2) \quad [\text{C/m}^2]$$

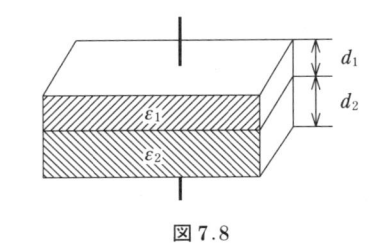

7.4 誘電体の境界では何が起こるか

7.4.1 誘電体を含むガウスの定理

先にみてきたように，分極電荷は誘電体に束縛された電荷で，真電荷のように外に取り出すことはできないが，電荷であることには変わりなく，分極電荷自身も真電荷と同様にクーロンの法則に従って電界をつくる．したがって，前に導いた真空中の静電界に関する式は誘電

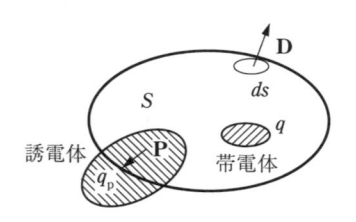

図7.9 電束密度に関するガウスの法則

体の内外でもそのまま成立する．

ガウスの定理は，図7.9のように誘電体を含む空間の中に任意の閉曲面Sを考えるとき，Sを貫く全電束は，Sの内部に含まれる全電荷（真電荷 q と分極電荷 q_P の和）に $1/\varepsilon_0$ を乗じたものに等しい．つまり，ガウスの定理も次式のように電荷分布として真電荷に分極電荷を加えることでそのまま成り立つ．

$$\int_S \mathbf{E} \cdot d\mathbf{S} = \frac{1}{\varepsilon_0}(q + q_P) \tag{7.15}$$

ここで，分極電荷は誘電体の内部では打ち消しあうから，

$$q_P = -\int_S \sigma_P dS = -\int_S \mathbf{P} \cdot d\mathbf{S} \tag{7.16}$$

と書ける．この積分は閉曲面Sのなかの誘電体を貫いた部分だけが寄与するが，その他の場所では $\mathbf{P}$ がゼロなので，形式的に積分は閉曲面全体について実行してよい．したがって，式（7.16）を式（7.15）に代入して式（7.13）を使うと次のようになる．

$$\int_S (\varepsilon_0 \mathbf{E} + \mathbf{P}) \cdot d\mathbf{S} = \int_S \mathbf{D} \cdot d\mathbf{S} = q \tag{7.17}$$

これが誘電体を含めた電束密度 $\mathbf{D}$ に関するガウスの定理で，「**誘電体を含む任意の閉曲面から外に出て行く電束の総数はその閉曲面内に存在する真電荷の総量に等しい**」ことを表している．また，この式から正（負）の電荷 q（$-q$）からは q 本の電束線が出る（入る）ことがわかる．

電界についてのガウスの定理と同様，これを微分形式で表すと次のようになる．ここで，ρ [C/m³] は真電荷の体積密度である．

$$div\, \mathbf{D} = \rho \tag{7.18}$$

すなわち，**ある点の電束密度の発散，その点の電荷密度に等しい**ことを示している．

7.4.2 誘電体の境界条件

誘電率が異なる2種の誘電体の境界面で電界や電束密度がどうなるかについて考える．電束線は真電荷のないところでは発生したり消失したりしないので，境界面を通過する際に本数は変わらない．しかし，境界面に分極電荷が生じるため，電気力線は境界面で本数が変わる．

図7.10に示すように誘電率がそれぞれ ε_1 および ε_2 （たとえば $\varepsilon_1 < \varepsilon_2$）の誘電体AとBが平面状の境界Sで接しており，電束線がA

からBへ通り抜けているとする．境界Sをまたいで底面積をΔS，厚さhの薄い円板状の体積をとり，これに式（7.18）のガウスの定理を適用すると，境界面には真電荷qがないので，

$$\int_S \mathbf{D} \cdot d\mathbf{S} = 0 \tag{7.19}$$

ここで，円板は底面積が十分に小さく，かつ厚さがゼロに近いので，式（7.20）は

$$\mathbf{D}_1 \mathbf{n} \Delta S + \mathbf{D}_2 \mathbf{n} \Delta S = 0$$

また，法線ベクトルの向きは上底面と下底面では上下反対になるので，この式は

$$\boxed{(\mathbf{D}_1 - \mathbf{D}_2) \mathbf{n} = 0 \quad あるいは \quad D_{1n} = D_{2n}} \tag{7.20}$$

となる．すなわち，**電束密度Dの法線成分は境界の両側で等しい**ことがわかる．

一方，境界面での電界の様子を調べてみよう．図7.11のように境界平面をまたいで幅δ，長さaの長方形の積分路Cをとり，電界EについてCに沿って1周にわたり線積分する．静電界は保存的な場なので，電界を任意の積分路に沿って1周にわたり積分するとゼロになる．また，幅δをゼロに近づけると，周回積分は上辺（AB）と下辺（CD）についての積分になるので，

$$\int_C \mathbf{E} \cdot d\mathbf{l} = \int_{AB} \mathbf{E}_1 \cdot d\mathbf{l} + \int_{CD} \mathbf{E}_2 \cdot d\mathbf{l} = 0 \tag{7.21}$$

ここで，$d\mathbf{l}$の向きは上辺と下辺で逆であり，辺の長さAB，CDともaであるので，上の式は

$$(E_{1t} - E_{2t}) a = 0$$

$$\boxed{\therefore \quad E_{1t} = E_{2t}} \tag{7.22}$$

となり，**電界Eの接線成分は境界の両側で等しい**ことがわかる．

誘電率がε_1の誘電体から誘電率ε_2の誘電体へ進入する電束線およ

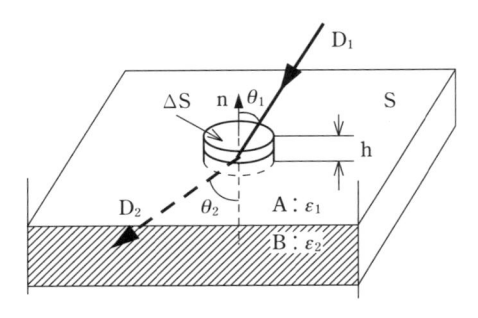

図7.10 電束密度の境界条件

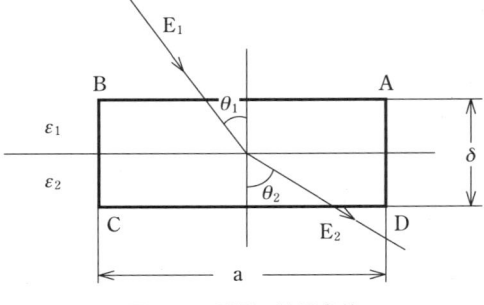

図7.11 電界の境界条件

び電気力線の入射角,屈折角(法線を基準に図った角度)を図7.10,図7.11のように,それぞれ θ_1, θ_2 とすると,式(7.20),式(7.22)は次のように書ける.

$$E_1 \sin \theta_1 = E_2 \sin \theta_2$$
$$D_1 \cos \theta_1 = D_2 \cos \theta_2$$

両式を辺々割り算して,

$$\frac{\tan \theta_1}{\tan \theta_2} = \frac{\varepsilon_1}{\varepsilon_2} \tag{7.23}$$

したがって,**誘電率の大きな誘電体に進入すると屈折角は大きくなる**.

【例題 7.3】 電界強度が E_0 [V/m] の一様な電界の中に誘電率 ε [F/m] の充分に厚い誘電体板を図7.12に示すように,法線が電界の方向と角度 θ_0 [rad] をなすよう置いた.誘電体中の電界の強度と方向を求めよ.

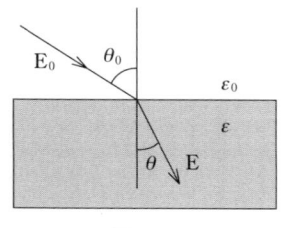

図7.12

[解] 図7.12のように誘電体内の電界強度を E [V/m],電界の方向が法線となす角を θ [rad] とすると,電束密度および電界の境界条件を表す式(7.21)および式(7.23)より,

$$\varepsilon E \cos \theta = \varepsilon_0 E_0 \cos \theta_0 \quad ①$$
$$E \sin \theta = E_0 \sin \theta_0 \quad ②$$

①,②式より誘電体内の電界強度 E は

$$E = E_0 \cdot \sqrt{\sin^2 \theta_0 + \left(\frac{\varepsilon_0}{\varepsilon}\right)^2 \cos^2 \theta_0} \quad ③$$

また,電界の方向は

$$\tan \theta = (\varepsilon/\varepsilon_0) \tan \theta_0$$
$$\theta = \tan^{-1}\left(\frac{\varepsilon}{\varepsilon_0} \tan \theta_0\right) \quad ④$$

強誘電体とメモリ

外部から電界を加えない状態でも自発分極をもち，その分極の向きを外部からの電界を加えて変えることができる物質を一般に強誘電体という．図7.13は強誘電体を表し，8つあるマス目はひとつひとつの結晶で，矢印は分極の方向とする．

a は初期状態で，結晶ごとに分極方向がバラバラで，全体として見ると分極をもたない．

b は外部から電界を加えた状態で，すべての結晶中で分極方向が揃っており，全体として分極を示す．

c は b の後，外部の電界をゼロとした状態で，分極を保持している．

d は b とは反対の方向に外部から電界を加えた状態で，分極方向が反転している．

e は d の後，外部の電界をゼロにした状態である．

このように，強誘電体は外部から電界によって分極を自由に制御することができる．この分極反転の特性をデータ保持用のキャパシタに利用したメモリが強誘電体メモリである．高速・高頻度書き換えも可能なことからRAMとROMの両方の長所を合わせもっている．さらに，低電圧読み出し・書き込み動作が可能であり，低消費電力が要求される携帯機器に最適なメモリである．

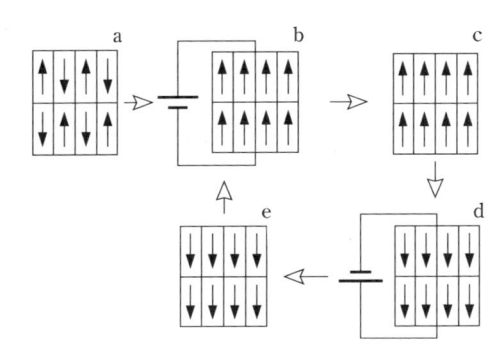

図 7.13 強誘電体メモリと分極方向

演習問題

7.1 誘電体の分極とはどのような現象か．また真電荷と分極電荷の違いを述べよ．

7.2 図7.14のように誘電率が ε_1 と ε_2 の誘電体が並列に電極板間に挿入されているときの静電容量を求めよ．

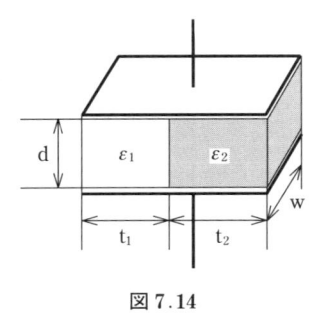

図 7.14

7.3 図 7.15 (a) のように電極板間に比誘電率 2 の誘電体を挿入した．図 (b) に挿入前の電束密度（実線）と電界（点線）の力線を示した．挿入後の力線の様子を示せ．

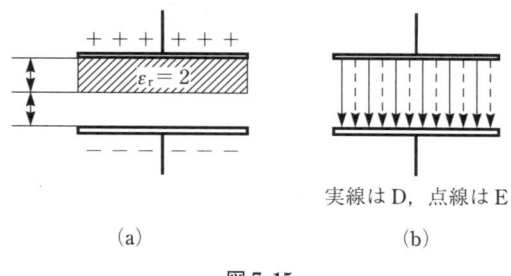

実線は D，点線は E

(a) (b)

図 7.15

7.4 電極板間に誘電体が挿入された平行平板コンデンサがある．コンデンサ構造の寸法を 1/3 にしたとき，コンデンサの容量は何倍になるか．また，容量を同じに保つには誘電体の比誘電率を何倍にすべきか．

7.5 図 7.16 のような細い空洞が誘電体（比誘電率：ε_r）内に存在したとする．空洞内の電界 E_c の強さ，電束密度 D_c を求めよ．ただし，誘電体の大きさに比べて空洞は非常に小さく，幅も極めて狭いものとする．

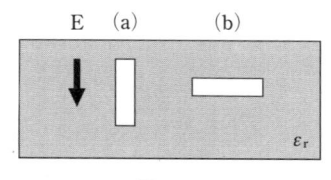

図 7.16

8

電位と静電エネルギー

力学で位置エネルギーを学んだ．これに相当する考え方は電気磁気にあるのだろうか．また，6章で学んだコンデンサに蓄えられた電界と電磁気における位置エネルギーの関係はどうなっているのだろうか．

8.1 電位はエネルギーから決められる

重力に逆らって物体をもち上げるのに要した仕事が位置エネルギーとしてその物体に蓄えられる．これと同じことが，電界中で電荷を運ぶ場合にもいえ，**電界の位置エネルギーを電位（electric potential, electrostatic potential, potential）とよぶ**（第4章参照）．

電界の強さがゼロとみなせる無限遠方を基準点にとり，そこから任意の点 r まで電界 E に逆らって電荷 q を運ぶのに要する仕事 W [J] を求める（図8.1）．

電荷に働く力 $\mathbf{F}$ は

$$\mathbf{F} = q\mathbf{E} \quad [\mathrm{N}] \tag{8.1}$$

なので，求める仕事 W は

$$W = -\int_{\infty}^{r} \mathbf{F} \cdot d\mathbf{r} \quad [\mathrm{J}] \tag{8.2}$$

である．この式の左辺のマイナス符号は，電界から受ける力 $\mathbf{F}$ に「逆らって」電荷を運ぶ仕事を意味している．

保存的な場：図8.2に示すように，2点A，B間の電位差 V を，異なった積分路 C_1, C_2 について求めたとき，

$$V_1 = -\int_{C_1} \mathbf{E} \cdot d\mathbf{r},$$

$$V_2 = -\int_{C_2} \mathbf{E} \cdot d\mathbf{r}$$

が同じ値（$V_1 = V_2$）となる場合を保存的な場という．したがって，閉じた積分路（経路を1周）について線積分すれば，値はゼロになる．

保存的な場では線積分の値は積分路の両端（ここではA, Bの位置）のみで決まり，その経路にはよらない．保存的な場の例として，山登りがある．山頂に上るのに，まっすぐで急な道でも，曲がりくねった緩やかな道でも，最終的には同じ位置のエネルギーが得られる．

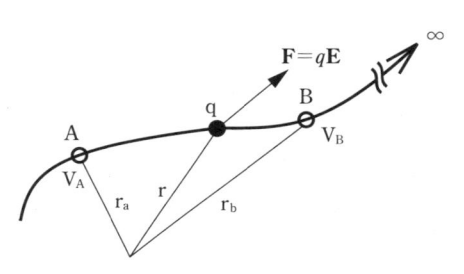

図8.1　電位差

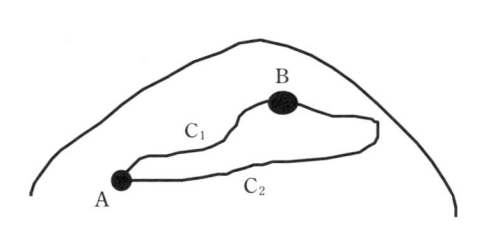

図8.2　保存場のイメージ

さて，**ある任意の点の電位 V は，この位置まで無限遠方から単位の正電荷（1 [C]）を運ぶ仕事量で定義される**．すなわち式 (8.1), (8.2) より

$$V = \frac{W}{q} = -\int_\infty^r \mathbf{E} \cdot d\mathbf{r} \quad [\text{V}] \tag{8.3}$$

である．また，電位は電界と違ってスカラー量であり取り扱いやすい．

理論的には無限遠方を基準点にとることが多いが，実用的には大地を基準点にとる．どちらの基準点でも，そこでの電位を 0 [V] とする．すなわち，**電位は基準点からの相対値として表される**．また，電界の中の 2 点 A, B の電位をそれぞれ V_A, V_B とすると，その差 $V_A - V_B$ を点 A と B の間の電位差（potential difference）または電圧（voltage）という．

図 8.1 のように，O 点からそれぞれ r_a, r_b 離れた点 A, B の電位 V_A, V_B は

$$V_A = -\int_\infty^{r_a} \mathbf{E} \cdot d\mathbf{r} \quad [\text{V}]$$

$$V_B = -\int_\infty^{r_b} \mathbf{E} \cdot d\mathbf{r} \quad [\text{V}]$$

であるから，A と B の電位差 V は

$$V = V_A - V_B = -\int_{r_b}^{r_a} \mathbf{E} \cdot d\mathbf{r} \quad [\text{V}] \tag{8.4}$$

と書ける．とくに，並行平板コンデンサのように電界 $\mathbf{E}$ が一定のときには

$$V = \mathbf{E}(r_b - r_a) \tag{8.5}$$

となる．

ここでは，電界が時間的に変化しない場合（静電界という）を取り扱っているので，式 (8.4) の値は **A, B の点の位置，r_a, r_b だけにより，積分路にはよらない**．すなわち，**電界は重力の場と同じ保存的 (conservative) な場**である．

いま，図 8.3 のように電界 E の中で正の電荷 q_0 を点 A から点 B まで（距離 d）運ぶには，電荷に働く力 $F = q_0 E$ に逆らって仕事 $W = Fd = q_0 Ed$ をしなければならない．したがって，点 B にある電荷 q_0 は点 A を基準とすると，式 (8.5) より $Ed = V$ なので，

$$U = q_0 Ed = q_0 V \tag{8.6}$$

の（位置）エネルギーをもつことになる．この（位置）エネルギーを静電ポテンシャル（electrostatic potential）という．

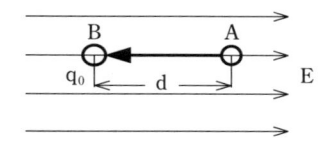

図 8.3 位置エネルギーと静電ポテンシャル

【例題 8.1】 電荷 q [C] から r [m] 離れた点での電位 V はいくらか．

[解] 電荷の作る電界は，式 (4.2) より

$$E = \frac{q}{4\pi\varepsilon_0 r^2}$$

である．

一方，電位は式 (8.3) より，$V = -\int_{\infty}^{r} E dr$ で与えられるので

$$V = -\int_{\infty}^{r} \frac{q}{4\pi\varepsilon_0 r^2} E dr = -\frac{q}{4\pi\varepsilon_0} \int_{\infty}^{r} \frac{1}{r^2} dr$$

$$= \frac{q}{4\pi\varepsilon_0} \left[\frac{1}{r}\right]_{\infty}^{r} = \frac{q}{4\pi\varepsilon_0 r} \quad [V]$$

となる．

【例題 8.2】 半径 a [m] の中空の導体球面に電荷 q [C] が一様に分布しているとき，球面外，球面上，球面内の電位はそれぞれいくらになるか．
また，位置に対する電位の変化を図示せよ．

[解]
(1) 球面外のとき

導体球面の中心より距離 r [m] $(r > a)$ 離れた球面外の点の電界の強さ E は，式 (4.2) より

$$E = \frac{q}{4\pi\varepsilon_0 r^2}$$

であるから，その位置での電位 V は

$$V = -\int_{\infty}^{r} \frac{q}{4\pi\varepsilon_0 r^2} dr = \frac{q}{4\pi\varepsilon_0 r} \quad [V]$$

(2) 球面上のとき

導体球面上の電位 V は，(1) の $r = a$ となるときであるから

$$V = \frac{q}{4\pi\varepsilon_0 a} \quad [V]$$

(3) 球面内のとき

導体表面より内側の位置 r での電位を求める．ガウスの定理から，導体内部での電界の強さはゼロであるので，導体内部で電荷を運ぶ仕事はゼロになる．

よって，導体内部の位置 r での電位 V は，単位正電荷を無限遠方から導体球表面まで運ぶ仕事と等しくなる．

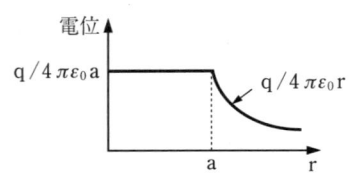

図 8.4 例題 8.2 のグラフ

したがって

$$V = -\int_{\infty}^{a} \frac{q}{4\pi\varepsilon_0 r^2} dr = \frac{q}{4\pi\varepsilon_0 a}$$

これは，導体球面の内部の電位がどこでも導体球表面の電位に等しいということを示している．また，(1),(2),(3) から，位置に対する電位のグラフは図 8.4 のようになる．

8.2 コンデンサはエネルギーを蓄える

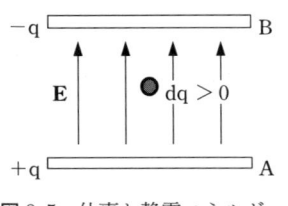

図 8.5 仕事と静電エネルギー

コンデンサは電荷を蓄えることをすでに学んだ．ここではコンデンサが蓄えるエネルギーについて考える．いま図 8.5 のような平行平板コンデンサを考え，電極板 A には正電荷 $+q$ が，電極板 B には負電荷 $-q$ が蓄えられており，電極間の電位差は V であるとする．この状態で，電極板 B から正の微小電荷 dq を取り出し，電極板 A に運ぶために必要な仕事量 dW は式 (8.6) より次式で与えられる．

$$dW = V dq \tag{8.7}$$

一方，このコンデンサの静電容量 C は

$$C = q/V \tag{8.8}$$

なので，式 (8.7) は次のようになる．

$$dW = (q/C) dq \tag{8.9}$$

したがって，図 8.5 の状態で全電荷量が Q になるまで，電極板 B から A へ微小正電荷を次々に運ぶために必要なエネルギーは次のようになる．

$$\boxed{W = \int_0^Q \frac{q}{C} dq = \frac{Q^2}{2C}} \tag{8.10}$$

これが，コンデンサに蓄えられている静電エネルギー (electrostatic energy) U_e で，電気的な位置エネルギーを表している．さらに，式 (6.1) で与えられた，コンデンサに蓄えられる電荷量 Q と電位差 V および電気容量 C の関係式を使うと，静電エネルギーは

$$\boxed{U_e = \frac{Q^2}{2C} = \frac{1}{2}QV = \frac{1}{2}CV^2 \quad [\mathrm{J}]} \tag{8.11}$$

さらに平行平板コンデンサの場合，その電気容量 $C = \varepsilon S/d$ を代入すると，

$$U_e = \frac{1}{2}\varepsilon\frac{S}{d}(Ed)^2 = \frac{1}{2}\varepsilon E^2 S d \tag{8.12}$$

また，Sd はコンデンサの体積であるので，単位体積当り

$$u_e = \frac{1}{2}\varepsilon E^2 \quad [\text{J/m}^3] \qquad (8.13)$$

の静電エネルギー（電界のエネルギー密度）が蓄えられていることになる．

このように，**コンデンサのエネルギーは電極板間の空間に電界として蓄積されている**．静電エネルギーはコンデンサだけのものでなく，**静電界が存在する空間には（8.13）で与えられる静電エネルギーが存在する**のである．

【例題 8.3】 比誘電率 10 の絶縁体をはさんだ，電気容量が 0.1 μF の平行平板コンデンサがある．
(1) このコンデンサを 100 V に充電したとき，蓄えられるエネルギーはいくらか．
(2) 電源を切り離し，極板間の絶縁体を引き抜いた．このときコンデンサに蓄えられているエネルギーはいくらか．
(3) (1) と (2) の状態で蓄えられているエネルギー量の差は何によって生じたのか．

[解]
(1) 式 (8.11) より $U_e = (1/2) \times 0.1 \times 10^{-6} \times 100^2 = 5 \times 10^{-4}$ [J]
(2) (1) で蓄えられた電荷量 Q は $Q = CV = 0.1 \times 10^{-6} \times 100 = 1 \times 10^{-5}$ [C] である．電源を切り離したので，電極板上の電荷量は変わらない．一方，絶縁体を引き抜いたので，コンデンサの電気容量は 1/10 になるので，電極間の電圧 V は $V = Q/C$ より 10 倍の 1000 V になる．したがって，蓄えられているエネルギー U_e' は $U_e' = (1/2) \times 0.1 \times 10^{-6} \times (1/10) \times 1000^2 = 5 \times 10^{-3}$ [J]
(3) コンデンサの電極板と絶縁体の分極による表面電荷とが引き合うが，この力に逆らって絶縁体を引き抜くときの仕事量がエネルギーとしてコンデンサに増分として蓄えられた．

8.3 電界と電位の深い関係

電位から電界を求めるには，電位の定義

$$V = -\int_{\infty}^{r} E\,dr \qquad (8.3)$$

の両辺を r で微分して，

$$E = -\frac{dV}{dr} \tag{8.14}$$

となり，r 方向の電界が与えられる．同時に，式 (8.14) から電界の強さの単位が [V/m] であることもわかる．

すなわち，電界 **E** は電位 V の傾き（のマイナス）である．これを一般に

$$\mathbf{E} = -grad\ V = -\nabla V \quad [\text{V/m}] \tag{8.15}$$

と書く．

この意味は**電界の大きさは電位の傾き（のマイナス）に等しく，その向きは電位の傾きの最も大きい方向を示している**．また，地図に等高線があるように，等しい電位の点を結んだものは，**等電位面**（equipotential surface）とよばれる．等電位面は傾きと直交する（等電位面上で動いても電位は変化しないから，等電位面方向に傾き，すなわち電界成分は存在しない）．このため，**電界の向きは等電位面に対し直交する**．金属のような**導体ではその内部は全ての点で等電位なので，金属表面の電界は表面に直交する**．

さて，一定な電界の場合には，距離 d [m] 離れた2点間の電位差 V は，式 (8.5) より

$$V = Ed$$

と表され，この場合の電界 E は

$$E = V/d \tag{8.18}$$

となることも記憶しておきたい．

【例題 8.4】 位置 r [m] における電位が $V = \dfrac{q}{4\pi\varepsilon_0 r}$ [V] のとき，その点での電界の強さを求めよ．

[解] 求める電界の強さ E は

$$E = -\frac{dV}{dr} = -\frac{d}{dr}\left[\frac{q}{4\pi\varepsilon_0 r}\right] = \frac{q}{4\pi\varepsilon_0 r^2}$$

であるから

$$E = \frac{q}{4\pi\varepsilon_0 r^2} \quad [\text{V/m}]$$

となる．

演習問題

8.1 位置 r [m] における電位 V が $\dfrac{q}{4\pi\varepsilon_0}\log r$ [V] のとき，そこでの電界の強さ E を求めよ．

8.2 2つの電荷 $+q$ [C]，$-2q$ [C] を $2r$ [m] だけ離して置いたとき，中点での電位はいくらか．

8.3 図 8.6 のように一様な電界の中で 2 m 離れた AB 間を 2.0×10^{-10} C の電荷を運ぶときの仕事が 3.6×10^{-8} J であった．以下の問に答えよ．

(1) AB 間の電位差はいくらか．

(2) 電界の強さはいくらか．

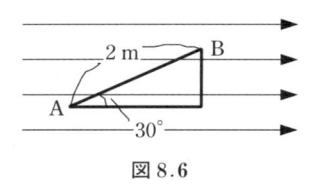

図 8.6

8.4 図 8.7 のような極板面積 S，極板間距離 d の平行平板コンデンサの電極板間に厚さ t，誘電率 ε の誘電体を入れ，電位差 V を印加した．以下の問に答えよ．

(1) コンデンサに蓄えられる静電エネルギー W を求めよ．

(2) 電極板間に働く力 F を求めよ．

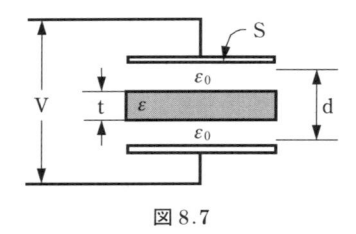

図 8.7

9 電流

日常生活でも電流や抵抗という用語はしばしば使われている．一体電流や抵抗とはなんだろうか．また，8章で学んだ電位と抵抗や電流にはどのような関係があるのだろうか．

9.1 電流は電荷の流れか

電荷の移動を電流（electric current）といい，電荷が移動することを「電流が流れる」という．**単位時間（1秒間）に導体断面を通過する電荷を「電流の大きさ（または電流の強さ）」と定義する．**1秒間に1［C］の電荷が通過したときの電流の大きさを単位とし，［A］と表し，アンペアと読む．また，電流の向きが一定の電流を直流電流（direct current：直流ともいう）という．特に電流の向きだけでなく，大きさも一定の直流を定常電流（stationary current）という．一方，向きが周期的に変化する電流を交流電流（alternate current：交流ともよぶ）という．また，**電流の向きは正電荷が移動する向きと定める．**したがって，負電荷をもつ電子が移動する向きとは反対になる．

したがって，定常電流では Δt 秒間に ΔQ［C］の電荷が移動したとき，電流の大きさ I［A］は

$$I = \Delta Q / \Delta t \quad \text{あるいは微分形で} \quad I = dQ/dt \quad [\text{A}]$$

(9.1)

である．

さて導体では，電流は電子の流れと考えられているが，電子が移動する様子をみてみる．長さ l，断面 S の導体棒の両端に電圧 V を印加すると，導体内部には電界 $E = V/l$ が発生する．この電界から電子は $F = eE$ の力を受けて加速される．しかし，電子は全く自由に動けるわけではなく，一定の確率で原子核（イオン）にぶつかって運動エネルギーを失い，全体として一定の速度（平均移動速度）で移動す

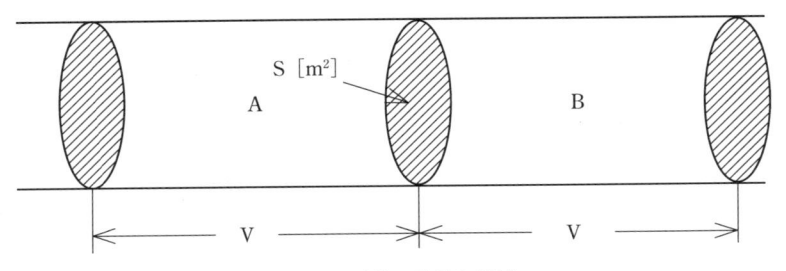

図 9.1 電荷の移動と電流

ると単純化できる.

いま, 断面積 S [m²] の金属線を流れる電流を I [A], 金属線中の自由電子の密度を n [個/m³], 電子の電荷を e [C], そして自由電子の平均移動速度を v [m/s] とする. 図 9.1 のように, 金属線内部に自由電子の 1 秒間の平均移動距離にあたる, 長さ v [m] の円柱 A を考える.

自由電子の平均移動速度を v [m/s] としているので, 円柱 A 内の自由電子は 1 [s] 後に円柱 B まで移動する. すなわち, 円柱 A 内のすべての自由電子が 1 [s] 間に図中の斜線をつけた断面を通りすぎることになる. すると, 電流 I [A] と自由電子の平均移動速度 v [m/s] の関係は, 電流の大きさが 1 秒間に移動する電荷量であるから

$$I = (自由電子の電荷) \times (1 秒間に断面を通過する自由電子の個数)$$
$$= envS \quad [A]$$

(9.2)

と表される.

【例題 9.1】 断面積 1 mm² の銅線に 1 A の電流が流れるとき, 自由電子の平均移動速度はいくらか. ただし, 電子の電荷を -1.60×10^{-19} [C], 銅線 1 m³ 当りの自由電子個数を 8.47×10^{28} [個] とする.

[解] 求める平均移動速度を v [m/s] として, 銅 1 m³ 当りの自由電子の個数 $n = 8.47 \times 10^{28}$ [個], 電流 $I = 1$ A, 自由電子の電荷 $e = -1.6 \times 10^{-19}$ [C], 導線断面積 $S = 1 \times 10^{-6}$ [m²] を式 (9.2) の $I = envS$ に代入すると

$$v = I/enS = 1/(1.60 \times 10^{-19} \times 8.47 \times 10^{28} \times 1 \times 10^{-6})$$
$$= 7.38 \times 10^{-5} \quad [m/s]$$

となる.

このスピードは，1 時間に約 27 cm だけ移動する速さである．つまり，1 m 移動するのに約 3.8 時間を要するほど，ゆっくりとした移動速度である．一般に導体を流れる電流は電子の極めてゆっくりとした移動で担われている．

9.2　起電力とは何か

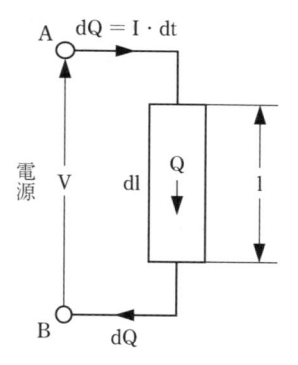

電流は電荷が移動して発生するので，電流が流れている導体内には電荷を移動させる力が作用しているはずである．電荷を移動させる原因は導体内に存在する電界である．いま，図 9.2 (a) のように電荷 Q が長さ l の導体に一様に分布しているとき，この導体に沿って dt 時間に電荷 Q を長さ dl だけ動かすのに必要な仕事 dW は，電荷 Q に加わる力 F が $F = QE$ なので，

$$dW = F\,dl = Q\,E\,dl \qquad (9.3)$$

であり，この仕事は電源が行う．すなわち，**外部に接続した回路（導線）に電流を流す作用を起電力（electro motive force）という**．起電力をもつ装置が電源（power source）である．つまり，図 9.2 (b) のように**電源は正電荷が流れ込んだ端子すなわち負の端子から，外部からの仕事により，正電荷が流れ出す正の端子まで正電荷をもち上げる働きをする**．すなわち，正電荷を高い電位へもち上げる働きをする．

長さ dl の間に含まれる電荷 dQ は，$dQ = (Q/l) \times dl$ なので，式 (9.3) は

$$\begin{aligned} dW &= Q\,E\,dl = dQ\,l\,E \\ &= dQ\,V \quad [\text{J}] \end{aligned} \qquad (9.4)$$

さらに，式 (9.1) より $dQ = I\,dt$ なので，

$$dW = V\,I\,dt \quad [\text{J}] \qquad (9.5)$$

となる．仕事の単位はジュール [J] であり，単位時間当りの仕事（仕事率）をワット [W] という．つまり，1 [W]（= 1 [J/s]）は，1 秒間に 1 [J] の仕事をするときの単位である．

式 (9.5) より，単位時間に通過する電流 I に対して電源（電界）がする仕事率 P は

$$\boxed{P = dW/dt = VI \quad [\text{W}]} \qquad (9.6)$$

となる．

(a) 電流を流す作用

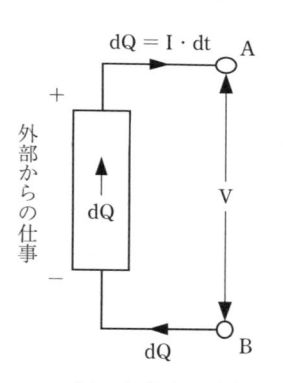

(b) 起電力の発生

図 9.2　電源の概念

9.3　電気抵抗とオームの法則

　実際の物質（ここでは金属を考える）は無数の原子から構成されており，不純物を全く含まない単一元素からなるときでも原子は熱運動（thermal motion）をしているために配列に乱れが生じる．熱運動は温度が高いほど激しくなるから，物質内を自由に動ける自由電子は，原子と衝突する回数が増す．したがって，図 9.3 (a) のように，自由電子も不規則な熱運動をしており，平均すると自由電子の位置の移動はなく，電流は流れない．しかし，金属内に電界が存在すると，図 9.3 (b) のように，自由電子は衝突しながら，$-\mathbf{E}$ の方向に平均的な位置の移動が生じ，電流を発生する．自由電子が電界から力を受けて加速され，運動エネルギーが増加しても，金属内の原子と衝突して散乱され，電界からもらったエネルギーは熱として失われてしまう．結局，自由電子の平均的な移動速度はその金属特有の動きやすさ（移動度：mobility という）と金属内の電界の大きさに比例する．

　いま，金属の移動度を μ [m²/sV]，自由電子の密度を n [1/m³]，電子の電荷量を e [C] とすると，電界 $\mathbf{E}$ によって生じる電流密度 $\mathbf{j}$ [A/m²] は，

$$\mathbf{j} = ne\mu \mathbf{E} = \sigma \mathbf{E} \tag{9.7}$$

となる．これがオームの法則（Ohm's law）である．ここで，σ を電気伝導率（electric conductivity）または伝導率（conductivity）とよび単位は [S/m]（ジーメンス/メートル），その逆数 ρ を抵抗率（resistivity）または比抵抗（specific resistance）とよび単位は [Ωm] である．すなわち，

$$\rho = 1/\sigma \quad [\Omega \mathrm{m}] \tag{9.8}$$

の関係がある．また，電気伝導度や抵抗率は物質（金属）の長さや断面積には無関係で物質固有の量である．各種物質の抵抗率を表 9.1 に

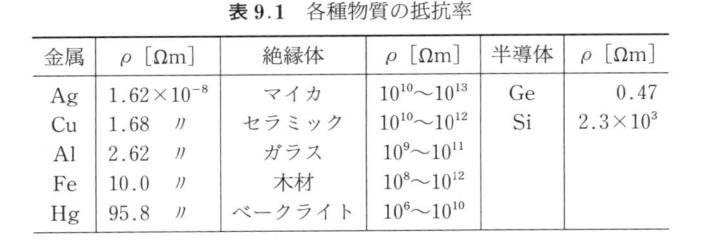

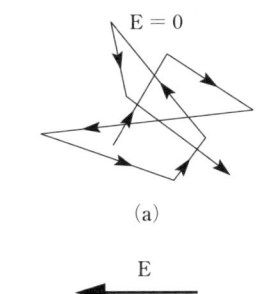

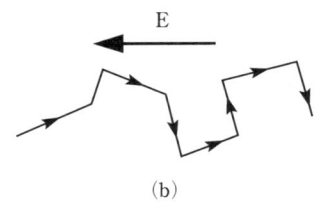

図 9.3　金属内の電子の移動

表 9.1　各種物質の抵抗率

金属	ρ [Ωm]	絶縁体	ρ [Ωm]	半導体	ρ [Ωm]
Ag	1.62×10^{-8}	マイカ	$10^{10} \sim 10^{13}$	Ge	0.47
Cu	1.68 〃	セラミック	$10^{10} \sim 10^{12}$	Si	2.3×10^3
Al	2.62 〃	ガラス	$10^9 \sim 10^{11}$		
Fe	10.0 〃	木材	$10^8 \sim 10^{12}$		
Hg	95.8 〃	ベークライト	$10^6 \sim 10^{10}$		

示す．金属の抵抗率は絶縁体にくらべ桁違いに小さく，半導体はその間の値となっている．これは金属には自由電子の数が圧倒的に多いためである．

式 (9.7) より，電流密度は加えられた電界に比例するので，金属に流れる電流 I は金属の両端に加えられる電圧 V に比例する．比例定数を R と書くと，電圧と電流の関係は次式で与えられる．

$$V = RI \quad [\text{V}] \qquad (9.9)$$

ここで，R を電気抵抗 (electric resistance)，または簡単に抵抗 (resistance) とよぶ．単位はオーム $[\Omega]$ である．さらに，式 (9.9) は式 (9.7) と同じように，オームの法則とよばれている．

また，断面積 S が一定の金属（たとえば導線）では，電気抵抗 R は長さ l に比例し，断面積 S に逆比例する．すなわち，

$$R = \rho(l/S) \quad [\Omega] \qquad (9.10)$$

である．

一般に金属の電気抵抗は温度の上昇とともに増加する．これは原子の配列の乱れが温度とともに激しくなり自由電子との衝突回数が増えるためである．これに対して半導体では温度上昇とともにキャリア（電子や正孔）数が急に増えるため抵抗率は小さくなる．

抵抗ゼロ：超伝導の発見と利用

1911年に液体ヘリウムを用いて，低温での金属の電気抵抗を調べたところ，水銀を約 4.1 K まで冷やすと抵抗が急に消えることが発見された．その後，多くの金属や合金にもこの現象がみられ，一般的な性質であることがわかった．この現象を超伝導とよび，超伝導となる物質を超伝導体という．物質を冷やしていったときの超伝導となる温度を転移点といい，物質にもよるが，大体が数 K の程度となっている．

これに対し，1986年以後次々に発見された銅酸化物の超伝導体の転移点はかなり高く，中には 100 K 以上のものもある．このような転移点の高い超伝導体を高温超伝導体とよんでいる．

超伝導には大きな特徴が 2 つある．1 つ目は抵抗がゼロになるということ，2 つ目は完全反磁性を示すことである．抵抗がゼロであるということは超伝導で輪をつくり，電流を流すと，電流は減衰することなく流れつづけることになる．この性質を永久電流といい，超伝導状態で流れる電流を超伝導電流という．

反磁性というのは加えた磁場と反対向きに磁化が起こる性質のことである．通常，磁化の程度は非常に微弱だが，超伝導では強い反磁性が生じる．これを完全反磁性とよび，超伝導で完全反磁性が起こることをマイスナー効果という．

超伝導の技術は，JR のリニア・モーター・カーや素粒子加速器などの大規模機器へ応用されている．さらに高温超伝導のおかげにより，電力エネルギー機器だけでなく，電子デバイスや新種の輸送機関，通信分野での高感度アンテナや高精度フィルタへの適用などへの利用が期待されている．

【例題 9.2】 直径 2 mm，長さ 100 m の導線に，電圧 3 V を加えたところ，1 mA の電流が流れた．導線の抵抗と抵抗率はいくらか．

[解]
$S = (1 \times 10^{-3})^2 \times 3.14 = 3.14 \times 10^{-6}$ m^2，したがって式 (9.10) より，
$$R = V/I = 3/(1 \times 10^{-3}) = 300 \quad [\Omega]$$
式 (9.11) より，
$$\rho = RS/l = 300 \times 3.14 \times 10^{-6}/100 = 9.42 \times 10^{-6} \quad [\Omega \text{m}]$$

9.4 電流が流れれば熱も発生する

先に見たように，金属中を電流が流れることは，自由電子が原子と衝突しながら移動することであった．つまり，自由電子が電界から力を受けて加速され，運動エネルギーが増加しても，金属内の原子と衝突して散乱され，電界からもらったエネルギーは熱として失われて，マクロ的には電界の大きさに比例した一定の速度で移動することになる．これは電界のエネルギー（電気的な位置エネルギー）の一部が自由電子と原子の衝突で熱エネルギーに変換されたことを意味している．つまり，**電流が流れるとその内部に熱が発生する**．この熱をジュール熱（Joule's heat）とよぶ．

いま，電圧を V とすると，単位時間に通過する電流 I に対して発生するジュール熱 P [W：ワット] は，

$$P = IV = RI^2 = V^2/R \quad [\text{W}] \tag{9.11}$$

であり，金属内で消費される電力（electric power）という．また，電力 P と時間 t との積 W を電力量（electric energy）とよび，単位は [Ws] である．

電池はポンプ

2つのタンクの一方から他方へと水を流すには，水位の差（位置エネルギー）が必要だ．これをつくるのがポンプの役割である．水位の差があると通常私たちは「水圧」がかかるなどという．これと同様ないい方が「電圧」だ．回路に電流を流す時，回路に電圧をかけるという．つまり電位差（位置エネルギー）をつくっている．回路に定常的に電流を流すには，もとの電位差を常に維持するように流れた電荷を汲み戻すポンプが必要だ．電源はこの役目を果たしている．たとえば，1.5 V の電池は電荷 1 C 当たり 1.5 J の位置エネルギーを与えるポンプである．

$$W = Pt = VIt \quad [\text{Ws}] \tag{9.12}$$

【例題 9.3】 500 Ω の導線に 1 mW の電力が供給されているとき，この導線に流れる電流および導線の両端の電圧を求めよ．

[解] 式 (9.12) より，
$$I = (P/R)^{1/2} = (1 \times 10^{-3}/500)^{1/2} = (2 \times 10^{-6})^{1/2} = 1.4 \times 10^{-3} \quad [\text{A}]$$
また，$V = P/I = 1 \times 10^{-3}/(1.4 \times 10^{-3}) = 0.71 \quad [\text{V}]$

9.5 電気抵抗の接続とキルヒホッフの法則

コンデンサの直列あるいは並列接続と同様に，抵抗にも直列接続（series connection）あるいは並列接続（parallel connection）があり，それらを1個の等価的な抵抗に置き換えることができる．この等価的な抵抗を合成抵抗（combined resistance）とよぶ．

9.5.1 直 列 接 続

図 9.4 のように 3 個の抵抗 R_1, R_2, R_3 を直列に接続し，ab 端子に電圧 V を加えたとき，流れる電流を I とすると，各抵抗の両端の電位差（電圧）はオームの法則から，それぞれ，

$$\begin{aligned} V_1 &= R_1 I \\ V_2 &= R_2 I \\ V_3 &= R_3 I \end{aligned} \tag{9.13}$$

また，ab 端子間の全電圧 V は

$$V = V_1 + V_2 + V_3 = R_1 I + R_2 I + R_3 I \tag{9.14}$$

したがって，直列接続の合成抵抗 R は式 (9.13)，(9.14) より

$$\begin{aligned} R = V/I &= (R_1 I + R_2 I + R_3 I)/I \\ &= R_1 + R_2 + R_3 \end{aligned} \tag{9.15}$$

となる．

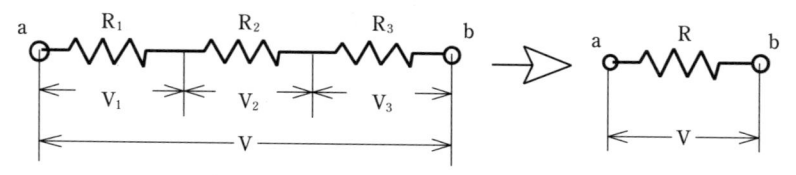

図 9.4 抵抗の直列接続と合成抵抗

一般に，n 個の抵抗が直列に接続されているとき，**合成抵抗 R** はそれぞれの抵抗値の和に等しい．すなわち，

$$R = \sum_{i=1}^{n} R_i \qquad (9.16)$$

また，図 9.4 で各抵抗の値と端子電圧の間には，

$$V_1 = \frac{R_1}{R}V, \quad V_2 = \frac{R_2}{R}V, \quad V_3 = \frac{R_3}{R}V \qquad (9.17)$$

が成り立つ．一般には，

$$V_i = \frac{R_i}{R}V \qquad (9.18)$$

つまり，**直列接続では各抵抗に加わる電圧はそれぞれの抵抗値に比例して配分される．**

【例題 9.4】 3つの抵抗 5, 10, 15 Ω を直列接続し，その両端に 9 V の電池をつないだ．このとき，合成抵抗は何 Ω か．また，15 Ω の抵抗値に流れる電流と 15 Ω の抵抗の両端の電圧を求めよ．

[解] 式 (9.16) より，合成抵抗は $R = 5 + 10 + 15 = 30$ [Ω]
式 (9.15) より，直列接続なのでどの抵抗も同じ電流が流れ，$I = V/R = 9/30 = 0.3$ [A]
式 (9.13) より $V_{15} = 15 \times 0.3 = 4.5$ [V]

9.5.2 並 列 接 続

図 9.5 のように 3 個の抵抗 R_1, R_2, R_3 を並列に接続し，ab 端子に電圧 V を加えたとき，各抵抗に流れる電流をそれぞれ I_1, I_2, I_3 はオームの法則から，それぞれ，

$$\begin{aligned} I_1 &= V/R_1 \\ I_2 &= V/R_2 \\ I_3 &= V/R_3 \end{aligned} \qquad (9.19)$$

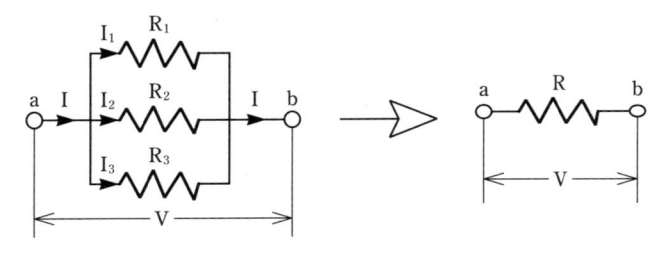

図 9.5　抵抗の並列接続と合成抵抗

また，ab 端子間の全電流 I は

$$I = I_1 + I_2 + I_3 = V/R_1 + V/R_2 + V/R_3 \tag{9.20}$$

したがって，並列接続の合成抵抗 R は (9.19)，(9.20) 式より

$$I = V/R = (V/R_1 + V/R_2 + V/R_3) = V(1/R_1 + 1/R_2 + 1/R_3) \tag{9.21}$$

となる．したがって，

$$\boxed{1/R = 1/R_1 + 1/R_2 + 1/R_3} \tag{9.22}$$

となる．すなわち，**並列接続したときの合成抵抗の逆数は，個々の抵抗の逆数の総和に等しい**．一般に n 個の抵抗を並列接続した場合の合成抵抗 R は，

$$\boxed{\frac{1}{R} = \sum_{i=1}^{n} \frac{1}{R_i}} \tag{9.23}$$

である．

また，各抵抗に流れる電流と抵抗値の関係は次式で与えられる．

$$I_i = \frac{R}{R_i} I \tag{9.24}$$

つまり，**並列接続のとき，各抵抗に流れる電流は各抵抗値に反比例して分流する**．

【例題9.5】 3つの抵抗，20, 30, 60 Ω を並列につなぎ，そこに 1.2 A の電流を流した．このとき，合成抵抗および各抵抗に流れる電流はそれぞれいくらか求めよ．また，30 Ω の抵抗の両端にかかる電圧はいくらか．

[解]
式 (9.23) より，合成抵抗は $1/R = 1/20 + 1/30 + 1/60 = 1/10$

キルヒホッフ

キルヒホッフ（Gustav Robert Kirchhoff）は 1824 年にプロシャ，ケーニヒスベルク（現在ロシア，カリーニングラード）に生まれ，ドイツで活躍し，1887 年にベルリンで亡くなった．ドイツの数学者・天文学者かつ物理学者である高名なガウスの弟子で，1847 年からベルリン大学の講師となり，その後ブレスラウ大学，1854 年にハイデルベルク大学の物理学教授となり，1875 年ベルリン大学数理物理学講座主任教授となった．

トポロジーを使った回路理論や弾性理論分野で活躍し，1854 年発表したキルヒホッフの法則はオームの法則の拡張である．さらに，黒体輻射での業績は量子論の発展に貢献し，また太陽光線のスペクトルの黒線を吸収によるものと解釈して，天文学に新時代を開いた．もっとも有名な著書として，『数理物理学講義』(1876-94) がある．

∴ $R = 10$ [Ω]

式 (9.24) より $I_{20} = (10/20) \times 1.2 = 0.6$ [A]

$I_{30} = (10/30) \times 1.2 = 0.4$ [A]

$I_{60} = (10/60) \times 1.2 = 0.2$ [A]

式 (9.19) より $V_{30} = 30 \times 0.4 = 12$ [V]

9.5.3 キルヒホッフの法則

抵抗と電源を接続してつくられた回路に定常電流が流れているとき，次のキルヒホッフの法則 (Kirchhoff's law) が成り立つ．この法則は回路網内の電流や電圧の分布を求めるのに便利である．

第1法則（電流の保存性）：回路内の任意の接続点へ流れ込む電流の総和は0である

すなわち，定常電流の場合，電荷がどこかに溜ることはないことを表している．図9.6において，任意の接続点Pに流入する電流を正とし，流出する電流を負にすると，

$$I_1 + I_2 - I_3 - I_4 = 0 \tag{9.25}$$

である．一般に第1法則は次式で表される．

$$\boxed{\sum_k I_k = 0} \tag{9.26}$$

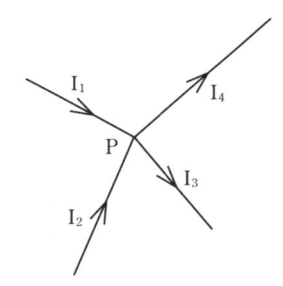

図 9.6 キルヒホッフの第1法則

第2法則（電圧の平衡性）：回路中の任意の閉回路について，これを回る向きを決め（例えば時計針の回転の向き），これと同じ方向の起電力と電圧降下を正，逆方向の起電力と電圧降下を負とすると，その閉回路に含まれる起電力の総和は電圧降下の総和と等しい

すなわち，閉会路の中の i 番目の部分を流れる電流を I_i，抵抗を R_i，その中の起電力を V_i とし，回路の向きを例えば時計針の回転の向きに定めると，第2法則は

$$\boxed{\sum_i V_i = \sum_i R_i I_i} \tag{9.27}$$

と表される．

いま，図9.7に示すように，閉回路 abcd において起電力（電源）と抵抗および定常電流が存在するとき，時計針の回転方向に電圧の平衡性を用いると，

$$E_1 - E_2 - E_4 = R_1 I_1 - R_2 I_2 - R_3 I_3 - R_4 I_4 \tag{9.28}$$

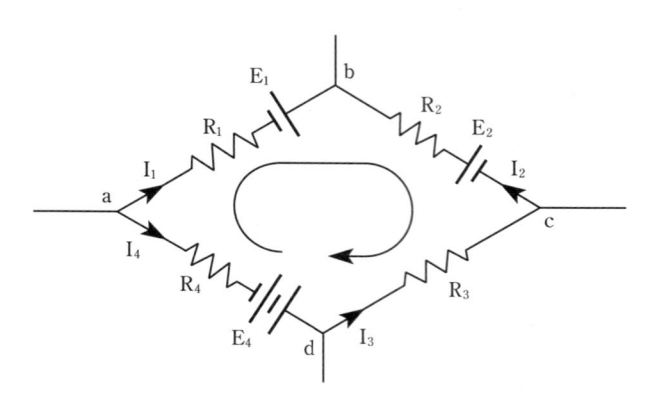

図9.7 キルヒホッフの第2法則

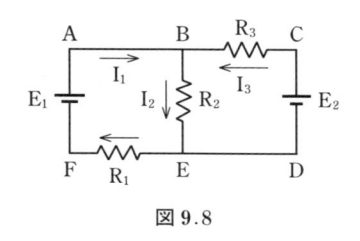

【例題9.6】 図9.8の回路で，E_1, E_2 はそれぞれ8 V, 15 V の電池で，内部抵抗はゼロである．また R_1, R_2, R_3 はそれぞれ 4 Ω, 20 Ω, 5 Ω の抵抗である．抵抗 R_2 を流れる電流を求めよ．

［解］ 各抵抗には図のような向きに I_1, I_2, I_3 の電流が流れているものとする．キルヒホッフの第1法則より，

$$I_1 + I_3 = I_2 \qquad ①$$

閉回路 ABEFA および CBEDC について，キルヒホッフの第2法則を適用すると，

$$20 I_2 + 4 I_1 = 8 \qquad ②$$
$$5 I_3 + 20 I_2 = 15 \qquad ③$$

①，②，③より $I_2 = 0.5$ [A] となる．

演習問題

9.1 2種類の導線 A, B がある．導線 A に含まれる単位体積当りの自由電子の個数は B の導線より100倍多い．また，導線 A の断面積は B の導線より10倍太い．導線 A と B を直列に接続して等しい電流を流したとき，A 内の自由電子の平均移動速度は B の場合の何倍速いか．

9.2 乾電池に電気抵抗をつなぐと，$q = 0.5 t$ [C] で表される電荷 q の移動がある．この電気抵抗に流れる電流はいくらか．t [s] を経過時間とする．

9.3 電池に電気抵抗をつなぎ，一定の電流 2 [A] を流し続ける．電気抵抗を5分間に移動する総電荷はいくらか．

9.4 ある導線の体積を一定のまま，長さを N 倍にしたとき，電気抵抗は元の何倍になるか．

9.5 半径 0.2 mm, 長さ 10 m の銅線に 5 V の電圧をかけたとき，銅線に流れる電流 I と電流密度 J を求めよ．ただし，銅の抵抗率を 1.7×10^{-8} [Ωm] とする．

9.6 直径 0.4 mm のニクロム線を用いて 100 V, 1000 W の電熱器を作りたい．必要なニクロム線の長さを求めよ．ただし，ニクロム線の抵抗率を 1.2×10^{-6} [Ωm] とする．

9.7 抵抗 $R_1, R_2, \cdots, R_5$ と内部抵抗が無視できる起電力 V の電池を図のように接続した（この回路はホイストン・ブリッジと呼ばれる）．次の問に答えよ．

(1) 抵抗 R_5 を流れる電流 I_5 を求めよ．

(2) $I_5 = 0$ となるための条件を求めよ．

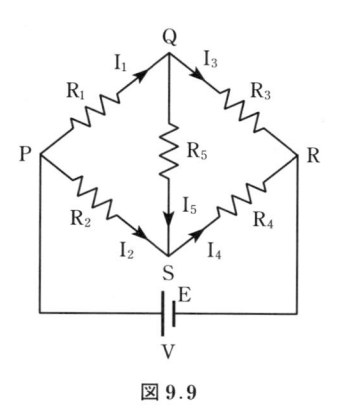

図 9.9

10 真空中の静磁界

前章までは電気について解説してきた．本章では磁気について説明する．
また，本章以降電気と磁気の間には密接な関係があることも分かる．後で詳しく述べるが静電界と静磁界の類似性を表10.1にまとめておいた．

10.1　紛らわしい磁界に関するクーロンの法則

自由に回転できるよう細長い磁石を中央で支えると，図10.4に示すように一方がいつも北を向く．この原因は地球が大きな磁石であるからだ．面白いことに地球の磁石のN極・S極は地球ができてから何度か入れ替わっていることがわかっている．

エリザベス女王の侍医ギルバート（Gilbert, W）は地球が大きな磁石で，コンパスのN極・S極を北極近くのS極・南極近くのN極が引きつけ方位を指すと考えた（図10.4）．

星の見えない航海に方位磁石であるコンパスは12世紀末のヨーロッパで用いられ，大航海時代の15・16世紀に大きな役割を果たした．

読者は二つの棒磁石のN極同士やS極同士をいくら押しつけても

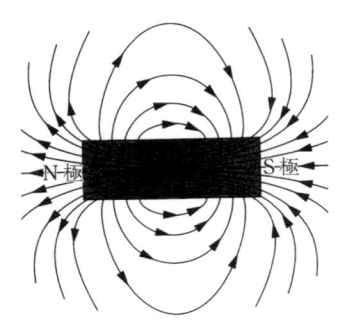

図 10.1　棒磁石の磁力線
磁石の中の磁力線はもっと密集しているがここでは磁力線の方向が分かるように示した．磁力線は始まりも終わりもない曲線である．この様な曲線を閉曲線という．

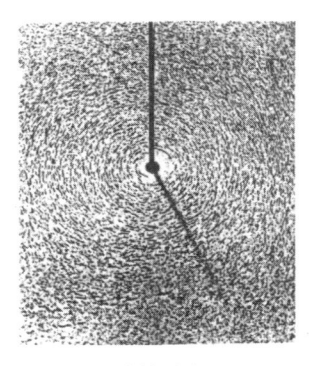

図 10.2　直線電流の周りの磁力線

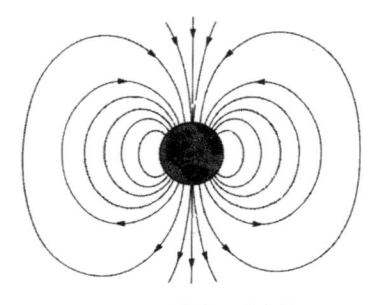

図 10.3　地球の磁力線

表 10.1 静電界・静磁界対応表

静電界

物理量	記号	単位	読み方
電荷	Q	C	クーロン
誘電率	ε	F/m	ファラド パー メーター
電界	E	V/m	
電気力線			
電束	ϕ_e	C	
電束密度	D	C/m²	
電位	V	V	
誘電体			
コンデンサ			
静電容量	C	F	ファラド

電荷間のクーロンの法則
$$F = \frac{Q_1 Q_2}{4\pi\varepsilon_0 r^2}$$

点電荷 Q から距離 r 離れた点に生じる電界
$$E = \frac{Q}{4\pi\varepsilon_0 r^2}$$

点電荷 Q から距離 r 離れた点に生じる電位
$$V = \frac{Q}{4\pi\varepsilon_0 r}$$

静磁界

物理量	記号	単位	読み方
磁荷	m	Wb	ウェーバー
透磁率	μ	H/m	ヘンリー パー メーター
磁界	H	A/m	
磁力線			
磁束	ϕ_m	Wb	
磁束密度	B	Wb/m²	
磁位	U_m	A	
磁性体			
コイル			
インダクタンス	L	H	ヘンリー

磁荷間のクーロンの法則
$$F = \frac{m_1 m_2}{4\pi\mu_0 r^2}$$

点磁荷 m から距離 r 離れた点に生じる磁界
$$H = \frac{m}{4\pi\mu_0 r^2}$$

点磁荷 m から距離 r 離れた点に生じる磁位
$$U_m = \frac{m}{4\pi\mu_0 r}$$

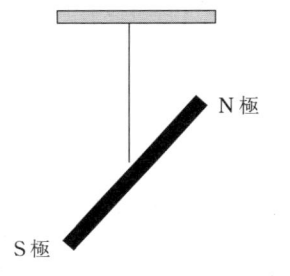

図 10.4 細長い磁石を中央で支えて自由にすると，一方がいつも北を向く

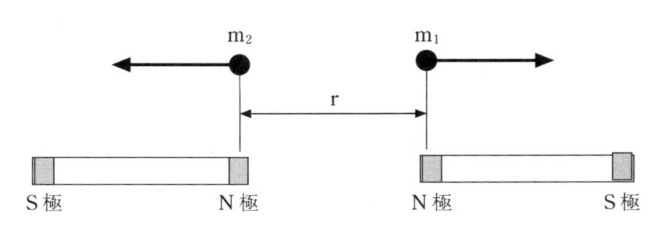

図 10.5 二つの磁荷間に働く力

決してくっつかず，下手すると磁石が回転してしまうことを経験しているだろう．

2 種類の磁極（magnetic poles）の間に働く磁気力（magnetic force）にはクーロン力と似た性質がある．同種の N 極同士・S 極同士の間には反発力，異種の N 極と S 極の間には引力が働く（図 10.5）．

電荷と同様に磁荷を考えると，二磁極（磁荷）間の磁気力の大きさは磁荷の積に比例し，磁荷間距離 r の 2 乗に反比例する．

$$F = k'\frac{m_1 m_2}{r^2} \tag{10.1}$$

$$k' = \frac{1}{4\pi\mu_0} = 6.33 \times 10^4 \ [m/H], \quad \mu_0 = 4\pi \times 10^{-7} \ [H/m]$$

（真空の透磁率）　m_1, m_2：磁荷 [Wb]　F：力 [N]

これもクーロンの法則（Coulomb's law）とよばれている．N，S極の符号を各々正，負とする．

　磁石間の力，鉄を引きつけ，コンパスを南北に向ける力が磁気力である．

　式（10.1）を以下のように書き換えてみると

$$F = k'\frac{m_1 m_2}{r^2} = m_1\left(k'\frac{m_2}{r^2}\right) = m_1 H$$

$$H = k'\frac{m_2}{r^2} \tag{10.2}$$

　ここで（　）部分を H と置いた．すると上式は，次のように解釈できる．m_2 がつくった周りの空間に生じた変化（ひずみ）H により距離 r の位置に置かれた磁荷 m_1 は周りから $F = m_1 H$ の力を受けると考えることができる．式（10.2）で定義される H を，磁荷 m_2 が距離 r の位置に作る磁界（magnetic field）という．

　磁界の単位はこの式から [N/Wb] になる．これは，後で分かるが [A/m] と同じになる．

　磁気力は，まず，その周囲に磁界をつくり，この生じた磁界が近くの磁石に磁気力を及ぼすと考える近接作用の考えを電気磁気学では行う．

　空間における電界の様子を電気力線で表すように磁界の様子を可視化したのが磁力線（line of magnetic force）である．磁界と磁力線の関係も電界と電気力線の関係と同じで，

　　磁界の方向　　：磁力線の接線方向で，磁力線の矢印方向を向く．
　　磁界の大きさ：磁力線に垂直な単位面積を貫く磁力線の本数．
　　磁力線の本数：磁荷 m は (m/μ) 本，μ は磁荷のある空間の透磁率

いろいろな場合の磁力線の様子を本章の最初に示した（図 10.1〜3）．

　磁界を実際に可視化するには，磁界のある空間に鉄粉をまいてみればよい（図 10.2）．

10.2　磁界と磁位の関係は，電界と電位の関係と同じか

8.1 で学んだ電界と電位の関係は，電界の強さゼロとした無限遠方の基準点に任意の点 r まで電界に逆らって電荷 1 [C] を運ぶのに要する仕事が電位 V と定義された．すなわち，

$$V = -\int_{\infty}^{r} \mathbf{E} \cdot d\mathbf{r} \tag{8.3}$$

静電界と静磁界の対応関係（表 10.1）から式（8.3）についても同様に

$$\boxed{U_M = -\int_{\infty}^{r} \mathbf{H} \cdot d\mathbf{r}} \tag{10.3}$$

なる量が考えられる．この量を磁位（magnetic potential）という．

では，この磁位と電位は全く同じと考えてよいのだろうか？
以前学んだように電界の中の 2 点 A，B の電位 V_A，V_B の電位差 $V_A - V_B$ は

$$V = V_A - V_B = -\int_{r_b}^{r_a} \mathbf{E} \cdot d\mathbf{r} \tag{8.4}$$

と表された．静電界の場合，式（8.4）の値は A，B の点の位置だけにより，積分路にはよらなかった．さらに色々な経路をたどって最後に元の位置に戻った場合，式（8.4）は

$$\oint \mathbf{E} \cdot d\mathbf{r} = 0$$

となる．では静磁界の場合

$$\oint \mathbf{H} \cdot d\mathbf{r}$$

の値はどうなるか？ここでは静磁界の場合はどんな経路をたどるかにより必ずしも 0 にならないとだけ述べておく．このことはこの章を読み進めてゆくうちに理解される．

10.3　磁気双極子がどうしてもできる

クーロンは，磁荷に関する法則を発見し，電荷に関するクーロンの法則と同形の式（10.1）で表した．電荷と磁荷を対応させ考えると電気と磁気の対応関係は表 10.1 のようになる．

式（10.2）が歴史的には磁界の定義の出発点になっている．しかし，磁荷と電荷は本当に完全に対応する量なのか．永久磁石を考えてみればそうでないことがわかる．

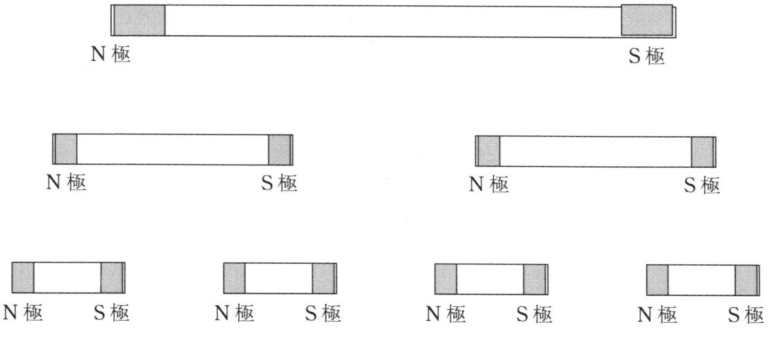

図 10.6 どこまで分割しても N・S 極が現れる

電子・陽子のように正・負だけの電荷は存在するが，**N 極・S 極だけの磁石はつくれない**．

図 10.6 のように，棒磁石をいくら小さく切り刻んでも，切り口には N 極と S 極が現れ小さな磁石ができるだけで相当小さく，分子や原子サイズに近くなっても独立な N 極と S 極を取り出すことはできない．このような正負の磁荷の対を電気双極子と対応させて磁気双極子（magnetic dipole）という．理論的には単独の磁荷をもつ磁気単極子の存在は可能だが，実験的に未だ確認されていない．

磁荷は，誘電体の分極電荷に似ている．永久磁石の原因は物質を構成している原子（電子のような素粒子）が関係し，磁荷は存在しない．本章最初の頁に電流の磁力線を図示した（図 10.2）．これから物質中の素粒子の極小さい電流ループの存在が永久磁石の原因と考えられている．

電気磁気学での力は，磁気力は存在せず，静止電荷間に働く力と，運動している電荷，すなわち電流間に働く力の 2 つと考えている．後者が見かけ上，磁荷間の磁気力の源である．磁気双極子が作る磁界を例題で考える．

【例題 10.1】 間隔 d の 2 点磁荷 m, $-m$ から十分遠い距離 r の磁界を求めよ（$d \ll r$）．

[解] 図 10.7 のように，2 つの磁荷の中心に座標の原点を選び，磁荷を結ぶ方向に z 軸，それと垂直に x, y 軸をとる．このとき，磁荷 m, $-m$ の座標はそれぞれ $(0, 0, d/2)$，$(0, 0, -d/2)$ になる．磁荷 m, $-m$ が点 $\mathrm{P}(x, y, z)$ につくる磁界をそれぞれ $\mathbf{H}_1(\mathbf{r}_+)$, $\mathbf{H}_2(\mathbf{r}_-)$ とする．式（10.2）より成分に分けて書くと，$H_1(r)$ は

10.3 磁気双極子がどうしてもできる

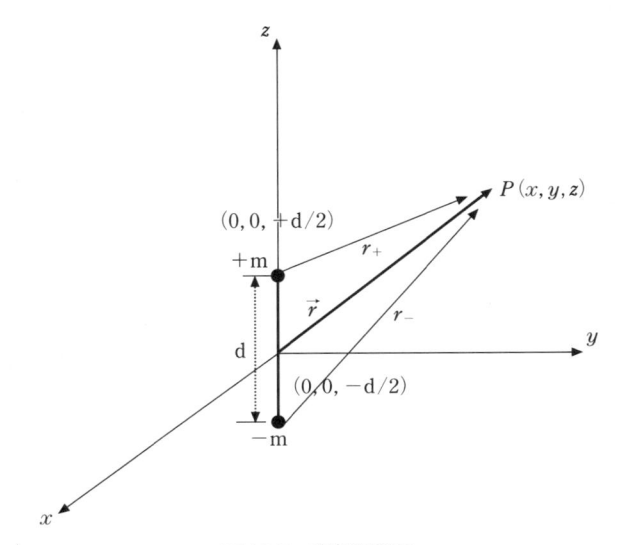

図 10.7 磁気双極子

$$H_{1x}(x,y,z) = \frac{m}{4\pi\mu_0}\frac{x}{[x^2+y^2+(z-d/2)^2]^{3/2}}$$

$$H_{1y}(x,y,z) = \frac{m}{4\pi\mu_0}\frac{y}{[x^2+y^2+(z-d/2)^2]^{3/2}}$$

$$H_{1z}(x,y,z) = \frac{m}{4\pi\mu_0}\frac{(z-d/2)}{[x^2+y^2+(z-d/2)^2]^{3/2}}$$

$H_2(r)$ は，この式で m, を $-$m, d/2 を $-$d/2 に置き換えたものになり以下のようになり，2 つの磁荷が r につくる磁界は以下のようになる．

$$H_x(x,y,z) = \frac{p}{4\pi\mu_0}\frac{3xz}{r^5}, \quad H_y(x,y,z) = \frac{p}{4\pi\mu_0}\frac{3yz}{r^5},$$

$$H_z(x,y,z) = \frac{p}{4\pi\mu_0}\frac{3z^2-r^2}{r^5} \tag{10.3}$$

ここで $r = (x^2+y^2+z^2)^{1/2}, \quad p = md$

原点から点 P までの距離は r であり，この磁界を考えている位置 P が原点から十分離れていて，$r \gg d$ となる場合を考えると，磁気双極子モーメントの大きさを $p=md$ と置いて，式 (10.3) が得られる．この式は磁気双極子がつくる磁界を与え，その様子は，

(1) 原点から等距離にある点 P での磁界は強さも向きも P 点の方向による．

(2) 方向を決めた場合の，磁界の強さは，距離の 3 乗に反比例し，急速に 0 に近づく．

近くでは 2 つの磁荷による磁界は，正負磁荷の距離のわずかな差が打ち消しを不完全にし，式 (10.3) の磁界を生じるが，遠くなると，

これらの重ね合わせとなり $H(r) = H_1(r_+) + H_2(r_-)$ は，
$H_x(x,y,z)$
$= \frac{m}{4\pi\mu_0}\frac{x}{[x^2+y^2+(z-d/2)^2]^{3/2}}$
$- \frac{m}{4\pi\mu_0}\frac{x}{[x^2+y^2+(z+d/2)^2]^{3/2}}$
$H_y(x,y,z)$
$= \frac{m}{4\pi\mu_0}\frac{y}{[x^2+y^2+(z-d/2)^2]^{3/2}}$
$- \frac{m}{4\pi\mu_0}\frac{y}{[x^2+y^2+(z+d/2)^2]^{3/2}}$
$H_z(x,y,z)$
$= \frac{m}{4\pi\mu_0}\frac{(z-d/2)}{[x^2+y^2+(z-d/2)^2]^{3/2}}$
$- \frac{m}{4\pi\mu_0}\frac{(z+d/2)}{[x^2+y^2+(z+d/2)^2]^{3/2}}$
$r_\pm = \left[x^2+y^2+\left(z\mp\frac{d}{2}\right)^2\right]^{1/2}$

ここで，t が 1 に比べて十分小さいときに成り立つ近似的な関係 $(1+t)^a \cong 1+at$ を用いると，上の磁界の式中 $|r|=r=(x^2+y^2+z^2)^{1/2}$
$[x^2+y^2+(z\mp d/2)^2]^{-3/2}$
$\cong (x^2+y^2+z^2 \mp zd)^2$
$= r^{-3}\left(1\mp\frac{zd}{r^2}\right)^{-3/2}$
$\cong r^{-3}\left(1\pm\frac{3zd}{2r^2}\right)$

1つの磁荷による磁界よりも速く消えてしまう．

　電気磁気学には，(1) 磁荷の存在を認め歴史通りに論理を展開する (2) 電流が磁力線をつくり出すことから論じる2つの立場がある．(1) を E-H 対応，(2) を E-B 対応とよぶ．

　真空中で磁界 H を真空の透磁率 μ_0 倍した量を考える．すなわち

$$\mu_0 \mathbf{H} = \mathbf{B} \tag{10.4}$$

この B を磁束密度（magnetic flux density）といい，磁界を考えるとき今日では B の方を使うことが多い．

10.4　磁界はエネルギーを蓄えている

　重力場と静電界のアナロジーから重力場の位置エネルギーに対応して4.3で電荷 Q によって形成された電界 E の中での位置エネルギーを学んだ．さらに静電界と静磁界の対応により磁荷 m による磁界 H の中での位置エネルギーが磁位であることを10.2で理解した．一方，8.2項では電荷を蓄えている平行板コンデンサーには静電エネルギーが電極板間の空間に電界として蓄積されていることも知った．そしてこのエネルギーは単位体積当り

$$u_e = \frac{1}{2}\varepsilon E^2 \tag{8.13}$$

であった．ここで静電界と静磁界の対応関係（表10.1）と式(8.13)の関係から，磁界には単位体積当り

$$u_m = \frac{1}{2}\mu H^2 \tag{10.5}$$

のエネルギーが蓄えられていることになる．このエネルギは E–B 対応では

$$u_m = \frac{1}{2\mu}B^2 \tag{10.6.a}$$

で表される．

　これを磁界のある空間全体にわたって積分すれば全部の磁気エネルギー W_m が求まる．

　すなわち

$$W_m = \int \frac{1}{2\mu}B^2 dV \tag{10.6.b}$$

10.5 磁束についてもガウスの定理が成り立つ

磁束密度 **B** は磁界 **H** を空間の媒質の透磁率 μ 倍したものである．磁界の様子は磁束密度 **B** でも目に見えるようにできる．

図 10.8 (a) のように，どの場所でも一定の磁束 B の空間中に，磁界に垂直で面積 S の平面があるとき，磁界の大きさ B に面積 S をかけた量 BS をこの面を貫く磁束 (magnetic flux) Φ と定義する．磁界 B の国際単位はテスラ（T）だが，実験室では 1 T の磁界はきわめて強く，1 万分の 1 の 1 ガウス（G）がよく使われる（1 T = 10^4 G）．

磁界と面積の国際単位は，それぞれ T と m² なので，磁束の単位は 1 T·m² で，これをウェーバーという（Wb）．

電束と同様に面に表と裏を決め，面の裏から表を向く法線ベクトル **n**（平面に垂直な単位ベクトル）を定義する．この平面が，図 10.8 (b) のように，面積 S の法線 n が磁界と角 θ をなしているとき，この面を貫く磁束 Φ は次のように表せる．

$$\Phi = BS \cos \theta \tag{10.7}$$

表と裏の定義された曲面 S を裏から表の方へ貫く正味の磁束 Φ は，

$$\boxed{\Phi = \int \mathbf{B} \cdot d\mathbf{S}} \tag{10.8}$$

と表される．

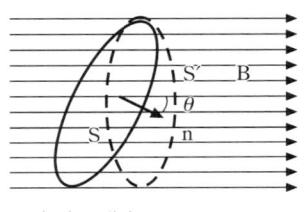

(a) 磁束 $\Phi = BS$

(b) 磁束 $\Phi = BS \cos \theta$

図 10.8

磁界の強さ B の空間では磁界に垂直な 1 m² の平面を B 本の磁力線が貫くようにすれば，任意の面を貫く磁束 Φ はこの面を貫く磁力線の本数に等しい．

いろいろな場合の磁力線の様子を図 10.1〜3 に示した．磁力線は始めと終わりのない曲線すなわち，閉曲線であり，磁束も似た閉曲線となる．

任意の閉曲面 S の中に入る磁力線と外へ出る磁力線は同数なので，
「閉曲面を通る正味の磁力線の本数（磁束）」= 0 　(10.9)

これを磁界 B のガウスの定理という．

静電界で学んだガウスの定理を用いて表すと以下のようになる．すなわち

$$\boxed{\int_S \mathbf{B} \cdot \mathbf{n} \, dS = 0} \tag{10.10}$$

この式を磁界に関するガウスの定理といい，右辺がいつもゼロになる

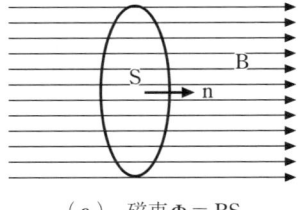

のが特徴である．

　もし磁気単極子（分離した磁極）が存在すれば，磁気単極子は磁力線の始点あるいは終点となり，右辺は 0 ではなく，閉曲面内部の磁気単極子の総和が現れる．この式は磁気単極子が存在せず，N 極と S 極が必ず対で現れることを意味している．

　以前述べたように E-H 対応と E-B 対応，2 つの立場のうち後者の場合，通常は **B** のことを磁界といっている．電流のまわりにも磁界が生じる様子は前に示した（図 10.2）．

　B で主に考えると基本的な磁気作用は電流による磁気力であり，後で学ぶ電磁誘導現象では **B** だけが現れ，また磁性体を考えるときにも都合がよい．

演習問題

10.1 点磁荷 $m_1 = 10\,[\mu\text{Wb}]$ が点 $P_1(1, -1, -3)$ m にある．点 $P_0(1, -1, 2)$ m に点磁荷 $m_0 = 1\,[\mu\text{Wb}]$ を置いたとき点磁荷 m_0 に働く力と磁界を求めよ．

10.2 2 の点磁荷 $+m$，$-m$ が位置 $(0, 0, d/2)$，$(0, 0, -d/2)$ にある．これらの磁荷から十分遠い場所での磁位を求め，さらにこの結果から磁界を求めよ．

10.3 点磁荷 $m_1 = 300\,[\mu\text{Wb}]$ が点 $P_1(1, -1, -3)$ m にある．$P_2(3, -3, -2)$ m にある点磁荷 m_2 によって m_1 は $\mathbf{F} = 8\mathbf{i} - 8\mathbf{j} + 4\mathbf{k}\,[\text{N}]$ の力を受けている．m_2 を求めよ．

10.4 点磁荷 $m_1 = 10\,[\text{Wb}]$ が点 $P_1(1, -1, -3)$ m にある．$P_2(3, -1, -2)$ m に点磁荷 $m_2 = 5\,[\text{Wb}]$ がある．点 $P_3(1, -1, 2)$ m に点磁荷 $m_3 = 1\,[\text{Wb}]$ を置いたとき点磁荷 m_3 に働く力と点 P_3 の磁界を求めよ．

11
電流による磁界

電界・磁界が時間的に不変だとこれらは無関係だったが，時間的に変化すると影響しあう．まず，微小電流・磁界間のビオ・サバールの法則を学び，アンペアの積分法則・微分法則，さらにこれら法則間の関係と物理学で重要なベクトルポテンシャルについて学ぶ．

11.1 電流と磁界はビオ・サバールの法則に従って関係する

図 11.1 は電流の流れている直線導線から等距離位置に並べられたコンパスを示している．導線に電流を流し続ければ

(1) 磁針の向きは一定方向に振れ続ける
(2) 磁針の振れは導線を中心に描いた円の接線方向を示す
(3) (1)(2) から電流はそのまわりに磁界をつくる
(4) 磁気力の向きが電流の向きと，磁極から電流に下ろした垂線の向きの両方に垂直

であることを 1820 年にエルステッド（Oersted, Hans Christian）が発見した．

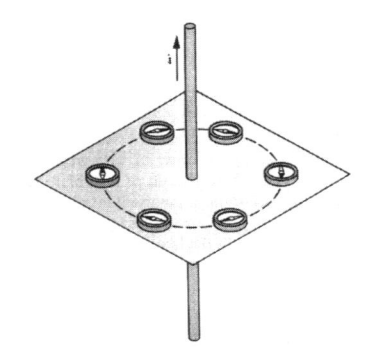

図 11.1 導線に電流を流すと磁針は磁力線の接線方向にそろう

エルステッドの発見の刺激を受け，ビオ（Biot, Jean Baptiste）とサバール（Savart, Felix）はさまざまな形の導線を使った実験から，「定常電流 I が流れている導線の微小部分 Δs が距離 r（距離ベクトル $\mathbf{r}$）の点 P につくる微小磁界 ΔB は，

(1) 大きさが

$$\Delta B = \frac{\mu_0 I \Delta s \sin\theta}{4\pi r^2} \qquad (11.1)$$

(2) 方向は Δs と r の両方に垂直
(3) 向きは Δs の方向から r の方向に右ねじを回したときのねじの進む方向

であることを発見した．θ は微小ベクトル $\Delta \mathbf{s}$ と $\mathbf{r}$ のなす角である．これをビオ・サバールの法則（Biot-Savart's law）という．任意の形の導線を流れる定常電流から離れた点 P につくる磁界は，各

微小部分の電流が式 (11.1) に従う点 P の微小磁界 ΔB を重ね合わせたものになる（図 11.2）。

この法則は公式集 2.5.c のベクトル積を用いれば次のように数学的に表せる．

$$d\mathbf{B} = \frac{\mu_0 Id\mathbf{s}}{4\pi r^2} \times \frac{\mathbf{r}}{r} \tag{11.2}$$

ここで $\mathbf{r}/r$ は単位ベクトルを表す．この法則は静電界のクーロンの法則に対応する．

（a）任意の形の曲線電流による磁界の計算

（b）ベクトルの方向を表す記号

図 11.2 ビオ・サバールの法則

【例題 11.1】 無限長の直線導線に，電流 I（A）が流れているとき，導線から a [m] の点 P の磁界を求めよ．

[解] 図には以下の項目を描いた（図 11.3）．
原点 O：磁界を求める P 点から直線電流に垂線を下ろした点
$Id\mathbf{s}_i$：電流を分割した微小電流素片ベクトルを 4 片（それぞれを $i=1\sim4$ と名付けた）
$d\mathbf{B}_{Pi}$：各微小電流が P 点に作る磁界
$\mathbf{r}_{Pi}$：各微小電流素片ベクトルから P 点まで引いた距離ベクトル（直線 OP の右側と左側にそれぞれ適当な間隔を開け，それぞれ二本ずつ描いた）
$-s$：O から－側の任意の微小電流素片ベクトル $Id\mathbf{s}$ までの距離（O を中心として直線電流の左・右側をそれぞれ＋，－側とした）

$Id\mathbf{s}$ が生じる磁界の大きさは次式で与えられる．

$$dB = \frac{\mu_0 Ids \sin\theta}{4\pi (r_P)^2} \tag{11.3}$$

変数を θ 1 つにそろえるため，$r_P = a/\sin\theta$，$s = -a/\tan\theta$ から大きさ ds は

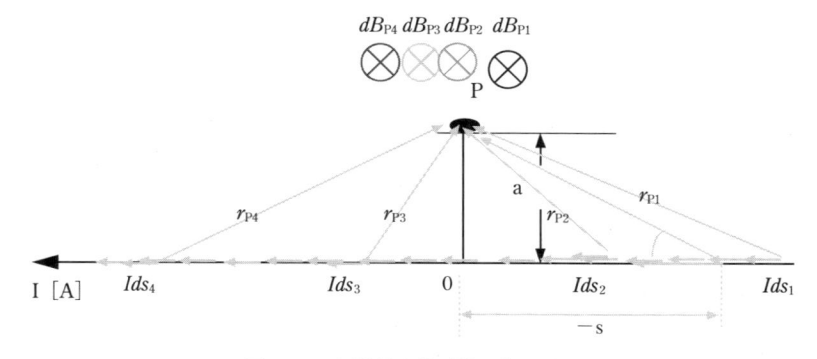

図 11.3 無限長直線電流の作る磁界

$$ds = \frac{a}{\sin^2\theta}d\theta$$

以上の関係を式 (11.3) に代入すれば

$$dB_P = \mu_0 \frac{I\sin\theta d\theta}{4\pi a} \tag{11.4}$$

となる．各電流素片ベクトルがP点に作る磁界の方向は全部同方向であるから全磁界 B_{PT} は重ね合わせの定理から式 (11.4) を積分すればよい（P点から見た－側の端の角度を θ_1，＋側の端の角度を θ_2 とした）．全磁界 B_{PT} を積分記号で表すと

$$B_{PT} = \int dB_P = \int_{\theta_1}^{\theta_2} \mu_0 \frac{I\sin\theta d\theta}{4\pi a}$$

この積分を実行すると

$$B_{PT} = \int_{\theta_1}^{\theta_2} \mu_0 \frac{I\sin\theta d\theta}{4\pi a} = \mu_0 \frac{I}{4\pi a}[\cos\theta_1 - \cos\theta_2]$$

この式から I [A] 流れる無限長直線導線の磁界 $B_P(\infty)$ は $\theta_1 = 0, \theta_2 = \pi$ になり，代入すると

$$\therefore \quad B_P(\infty) = \frac{\mu_0 I}{2\pi a} \quad [T] \tag{11.5}$$

【例題 11.2】 半径 a [m] の円形導線に電流 I [A] が流れている（図 11.4）．円電流の中心Oから垂直な距離 x [m] の点Pの磁界を求めよ．

［解］ 図 11.5 には以下の項目を描いた．
(1) 電流断面図，(2) 円形電流上の対称な位置にある微少直線電流

$$\frac{ds}{d\theta} = \frac{d}{d\theta}\left(\frac{-a}{\tan\theta}\right)$$
$$= -a\frac{d}{d\theta}\left(\frac{\cos\theta}{\sin\theta}\right) = \frac{a}{\sin^2\theta}d\theta$$

以上の関係を式 (11.3) に代入すれば

$$dB_P = \mu_0\frac{I\sin\theta d\theta}{4\pi a}$$

$$B_{PT} = \int_{\theta_1}^{\theta_2}\mu_0\frac{I\sin\theta d\theta}{4\pi a}$$
$$= \mu_0\frac{I}{4\pi a}[\cos\theta_1 - \cos\theta_2]$$

$$\therefore B_P(\infty)$$
$$= \mu_0\frac{I}{4\pi a}[\cos 0 - \cos\pi]$$
$$= \frac{\mu_0 I}{2\pi a} \quad (T)$$

$$B_{xT} = \int dB\sin\alpha = \frac{\mu_0 I ds}{4\pi r_P^2}\sin\alpha$$
$$= \frac{\mu_0 I a}{2r_P^2}\sin\alpha$$

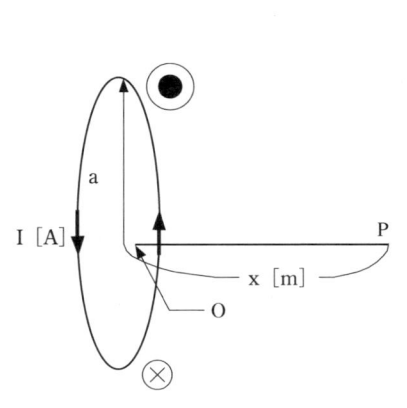

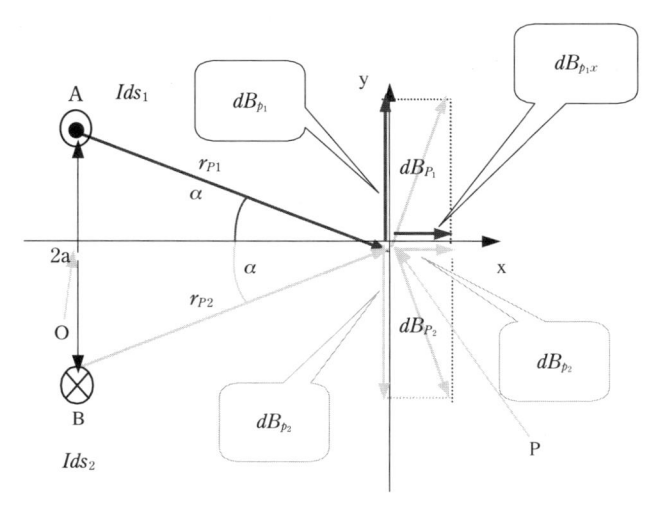

図 11.4 半径 a の円形電流 **図 11.5** 円形電流を横から眺めたとき生じている磁界の方向とその成分の様子

Ids_1 と Ids_2 とその磁界 dB_1, dB_2, (3) その成分, (4) Ids_1 と Ids_2 の距離ベクトル $\mathbf{r}_{P1}$, $\mathbf{r}_{P2}$, (5) $\angle APO = \angle BPO = \alpha$

① y 方向成分は互いに反対方向で大きさは同じから, y 方向成分は 0 で x 成分だけが残る.

② dB_1, dB_2 の各 x 成分は次のように表せる.

$$dB_{P1x} = dB_P \sin\alpha, \quad dB_{P2x} = dB_P \sin\alpha$$

③ 磁界は任意の微小電流ベクトルによる微小磁界の x 方向成分の重ね合わせで求まる.

dB は

$$dB_P = \frac{\mu_0 Ids}{4\pi r_P^2} \sin\theta$$

であるから, 図より θ は $\theta = \pi/2$. したがって

$$dB_P = \frac{\mu_0 Ids}{4\pi r_P^2}$$

故に x 方向の全磁界 B_{xT} は

$$B_{xT} = \int dB \sin\alpha = \int \frac{\mu_0 Ids}{4\pi r_P^2} \sin\alpha = \frac{\mu_0 Ia}{2 r_P^2} \sin\alpha$$

コイルを n 巻きにすると磁界はこの n 倍になる.

この式は

$$r = \sqrt{x^2 + a^2}, \quad \sin\alpha = \frac{a}{\sqrt{x^2 + a^2}}$$

の関係を用いて

$$B_{xT} = \frac{\mu_0 Ia^2}{2(x^2 + a^2)^{3/2}} \tag{11.6}$$

絶縁した導線を密に円筒状に巻いたソレノイドコイル (solenoid coil) は例題 2 の円電流の集まりで, この磁界はこれらの磁界の重ね合わせになり, 式 (11.6) が役立つ (演習問題 1 参照).

円形コイルの中心での磁界 B の強さは式 (11.6) で $x=0$ と置けば以下のようになる.

$$\boxed{B = \frac{\mu_0 I}{a}} \tag{11.7}$$

円形コイルから中心軸上の遠く離れた点 ($x \geq a$) の磁界 B は中心軸方向を向き, 大きさは

$$B = \frac{\mu_0 Ia^2}{2x^3} = \frac{\mu_0 IS}{2\pi x^3} \tag{11.8}$$

である ($S = \pi a^2$ はコイルの面積). 磁気双極子が x 軸上につくる磁界と比べると, このコイルが遠方につくる磁界は磁気モーメント (magnetic moment) IS の磁気双極子の磁界と同じになる. ビオ・

サバールの法則から，磁界のガウスの法則とアンペアの法則が導かれる．

11.2 アンペアの法則

さて，長い直線導線を流れる電流の磁力線は図 10.2 からわかるように導線を中心とする同心円（中心が同じ円）状になる．磁界の向きは，電流の流れる向きに進む右ねじの回る向きである．右手を図のように電流方向に合わせ磁界の方向を考える（図 11.6）．

図 11.7 に直線電流から半径 a の円上の磁力線（点線）を示した．さらにこの上に磁力線に沿って取られた閉曲線の道筋 C とこの道筋を微小直線に分割した様子を描いた．

前節の例題 1 から直線電流の磁界 B は円の接線方向を向き，$B = \mu_0 I / 2\pi a$ である．これに円周 $2\pi a$ をかけると $\mu_0 I$ になり透磁率 μ_0 と電流 I で決まり道筋の大きさ・形状に依存しない．

道筋が円でない場合を考える．図 11.8 のように閉曲線 C を細分し，各微小長さ Δs_i とその位置の磁界 B_i の接線方向成分との積を考え，これらを足し合わせる．すなわち

$$B_{t1}\Delta s_1 + B_{t2}\Delta s_2 + \cdots + B_{ti}\Delta s_i + \cdots + B_{tn}\Delta s_n = \sum_{i=1}^{n} B_{ti}\Delta s_i$$

図 11.8 (a) から隣り合った部分の積分はお互いに逆向きになり打ち消し合う．
微小直線での近似を曲線の合計に近づけるには $\Delta s_i \to 0$ の極限を考えればいい．すなわち $\lim_{n\to\infty} \sum_{i=1}^{n} B_{ti}\Delta s_i$ で，これは積分の定義だから $\lim_{n\to\infty} \sum_{i=1}^{n} B_{ti}\Delta s_i = \oint_C B ds = \mu_0 I$ に等しい．

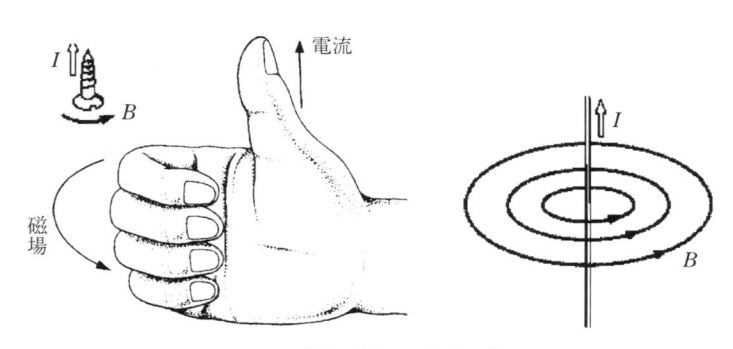

図 11.6 直線電流の磁力線の様子
右手の親指を電流方向に合わせれば握った指は磁力線の方向を表す．電流方向を右ネジの進む方向に取ればネジの回転方向が磁力線の方向になる

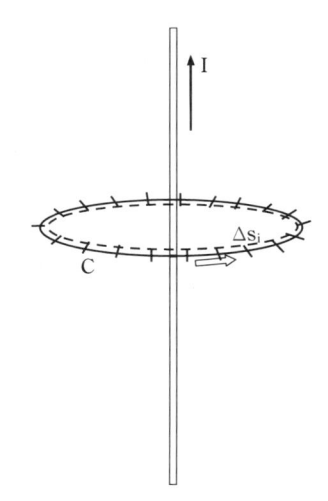

図 11.7 直線電流の磁力線（点線）とそれに沿って取られ微小直線に分割した閉曲線

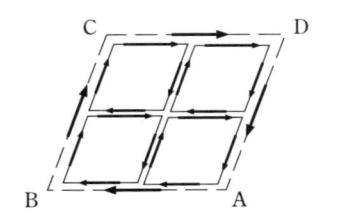

(a) 向きをつけた閉曲線
隣り合った部分は打ち消しあい ABCD についての積分だけが残る．

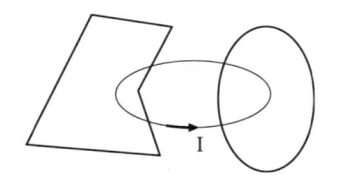

(b) 電流回路の形，積分経路の形を変えてもこの二つの路の交差方法を変えない限り積分値は変わらない

図 11.8 積分路（閉曲線）のとり方

以下の点を頭に入れてから問題を解き理解を深めよう．直観的に磁力線の出来方の様子を考えることが大事．
(1) 電流が円筒や軸方向に流れている場合は以下のように考える．
円筒に流れる電流：円筒が細くなれば直線
⇒直線の中が空なら円筒
円柱に流れる電流：円柱が細くなれば直線
⇒直線が太くなれば円柱
(2) 閉曲線の選び方
⇒計算し易いように積分路を取る：通常は円または長方形
磁力線が同心円なら閉曲線を磁力線に沿う円にとる．
磁力線が直線上の場合は長方形にとるとよい．

コイル：直線導線を巻いたもの
無端ソレノイド：コイル両端がくっついたもの

$\oint_C Bds$ は B と接線方向 Δs の角を θ とすれば $\oint_C Bds = \oint_C B\cos\theta ds = \oint_C \mathbf{B}\cdot d\mathbf{s}$ （スカラー積表現）．

したがってこの式は以下のように書ける．

$$\oint_C \mathbf{B}\cdot d\mathbf{s} = \mu_0 I \tag{11.9}$$

これをアンペアの周回積分の法則（Ampere's law）という．
この法則を用いると対称性のいい磁界が簡単に求められ，電流回路の形，積分経路の形が違っても二つの路の交差方法に変化がなければ積分値は変わらない（図 11.8 (b)）．

アンペアの法則は積分路の形状によらないので計算し易い積分路を取ればいい．通常は磁力線の形状によって円または四角形に取ると計算が簡単になる．

【例題 11.3】 無限の長さの直線導線に，電流 I (A) が流れているとき，導体から r (m) の離れた点 P の磁界を求めよ（図 11.9）．

[解] この問題は前節ビオ・サバールの法則を用い解いたがアンペアの法則で簡単に解ける．図から電流方向（紙面裏から表に流れてる）から見た磁力線は電流を中心とした同心円になる．磁力線に沿う半径 r の円の閉曲線上では，対称性から磁界の強さは一定である．
この閉曲線にアンペアの法則を適用する
(a) $\mathbf{B}\cdot d\mathbf{s} =$ をスカラー量に直すと $\mathbf{B}\cdot d\mathbf{s} = Bds\cos\theta$

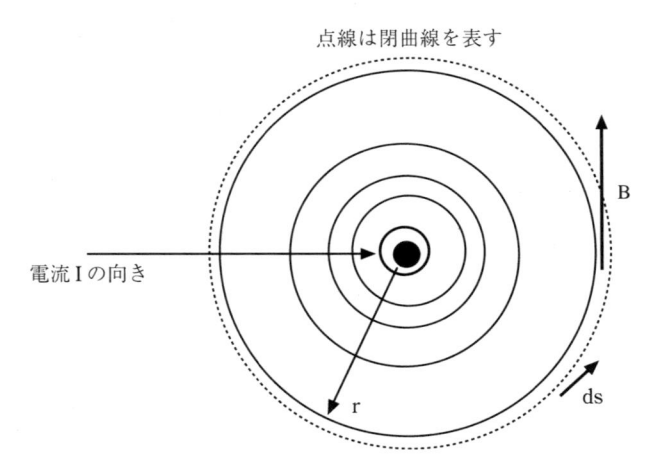

図 11.9 電流方向からみた磁力線・閉曲線などの様子

$\mathbf{B}$ と $d\mathbf{s}$ との間の角度 $\theta=0$ から $\cos\theta=1$, したがって $\oint Bds=B\oint ds$ B は閉曲線上で一定なので積分の外に出した. $\oint ds$ の ds は閉曲線の微小長さを意味し, 積分記号はその合計を表し, $\oint ds=2\pi r$ で半径 r の円周になる.

アンペアの法則の右辺は, 閉曲線内を貫く全電流に真空の透磁率をかけたものを表し, 右辺 $=\mu_0 I$ したがって左辺 $=$ 右辺とおいて磁界を求めると

$$2\pi rB=\mu_0 I \Rightarrow B=\mu_0 I/2\pi r$$

【例題 11.4】 図 11.10 (a) は導線を密着して巻いた半径 a [m] の無限長ソレノイドコイルを円筒軸に平行な面で半分に割った断面図等を示す. 単位長さあたりの巻数を n [T/m], 電流を I [A] としたときのコイル内外の磁界を求めよ.

[解] 同図に C_1 はコイルの中, C_2 はコイルを貫く長方形の閉曲線と磁力線の様子を示した. 各閉曲線 C_1, C_2 にアンペアの法則を適用する.

1) 閉曲線 C_1 にアンペアの法則を適用する (図 11.10 (b)).

2) 各線分上での $\overline{AB}, \overline{BC}, \overline{CD}, \overline{DA}$ での微小線分ベクトルを $d\mathbf{s}_{AB}, d\mathbf{s}_{BC}, d\mathbf{s}_{CD}, d\mathbf{s}_{DA}$, 各線分 $\overline{AB}, \overline{BC}, \overline{CD}, \overline{DA}$ の磁界 $\mathbf{B}$ の様子を描いた. さらに, 各線分上の磁界を $\mathbf{B}_{AB}, \mathbf{B}_{BC}, \mathbf{B}_{CD}, \mathbf{B}_{DA}$ とし, $\mathbf{B}$ と $d\mathbf{s}$ のなす角を各々 $\theta_{AB}, \theta_{BC}, \theta_{CD}, \theta_{DA}$ とする.

3) 閉曲線の積分は以下のように分割できる. 積分を線分 AB から開始して左回りに書くと

$$\oint_{C_1} \mathbf{B}\cdot d\mathbf{s}=\int \mathbf{B}_{AB}\cdot d\mathbf{s}_{AB}+\int \mathbf{B}_{BC}\cdot d\mathbf{s}_{BC}+\int \mathbf{B}_{CD}\cdot d\mathbf{s}_{CD}+\int \mathbf{B}_{DA}\cdot d\mathbf{s}_{DA}$$

スカラ表現に直すと,

$$\int B_{AB}ds_{AB}\cos\theta_{AB}+\int B_{BC}ds_{BC}\cos\theta_{BC}$$
$$+\int B_{CD}ds_{CD}\cos\theta_{CD}+\int B_{DA}ds_{DA}\cos\theta_{DA}$$

図から各角度は

$$\theta_{AB}=0, \quad \theta_{BC}=\frac{\pi}{2}, \quad \theta_{CD}=\pi, \quad \theta_{DA}=\frac{\pi}{2}$$

を上式に代入する. 一方アンペアの法則の右辺は閉曲線を貫く全電流 I_{Total} を意味する. 図から $I_{\text{Total}}=0$. したがって $B_{AB}=B_{CD}$ になりコイル内の磁界は場所によらず一定となる.

右辺の各積分項の積分記号にもはや○がないことに注意してほしい.

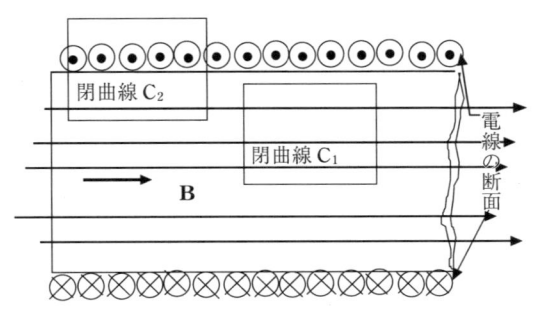

(a) 無限長ソレノイドコイル断面と磁力線および閉曲線

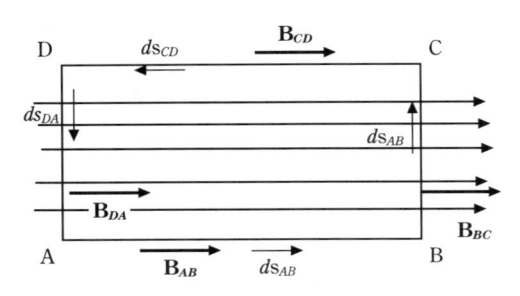

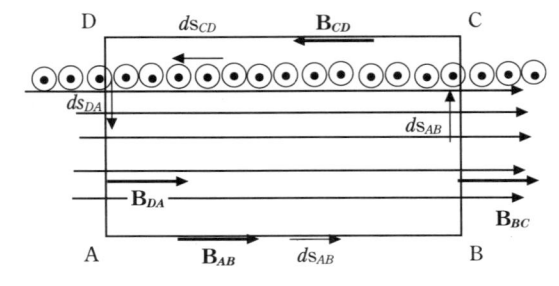

(b) 無限長ソレノイドコイルの磁力線と閉曲線

(c) 閉曲線 C_2 と無限長ソレノイドコイル部分

図 11.10　例題 11.4 のソレノイドコイル

4) コイル内の有限本数の磁力線はコイル端から無限に広いコイル外に放出される．磁界は単位面積当りの磁力線の本数であるからコイルの外は無限に広いのでコイルの外の磁界は 0 になる．

5) 最後に C_2 を考える（図 11.10 (c)）．手順 3 のスカラ表現までは同じだから

$$\int_{AB} B_{AB} ds_{AB} = B_{AB} \int_{AB} ds_{AB} = B_{AB} L \quad (\overline{AB} = L \text{ とした})$$

手順 4 から

$$B_{CD} = 0$$

右辺のこの閉曲線内の全電流 I_{Total} は単位長さ当りの巻き数が n から

$$I_{Total} = nLI$$

左辺＝右辺と置けば

$$B_{AB} L = \mu_0 n L I \qquad \therefore B_{AB} = \mu_0 n I$$

11.3　アンペアの周回積分の法則は微分形でも表現できる

図 11.12 に図 11.11 の一部分の小さな長方形の経路 ABCDA を取り出し，アンペアの法則を適用する．次のように記号を定める．

$\mathbf{r}_0 = \mathbf{r}_0(x_0, y_0, z_0)$：頂点 A の位置ベクトル，

11.3 アンペアの周回積分の法則は微分形でも表現できる

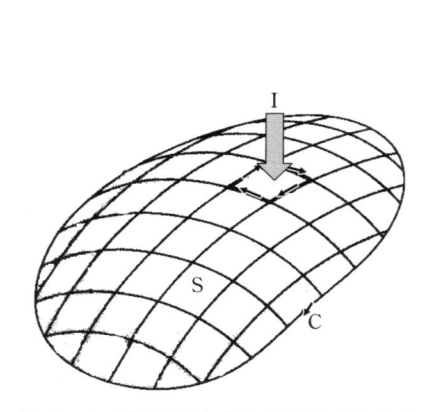

図 11.11 電流を取り囲む閉曲線 C と C を小さな長方形に分割した様子

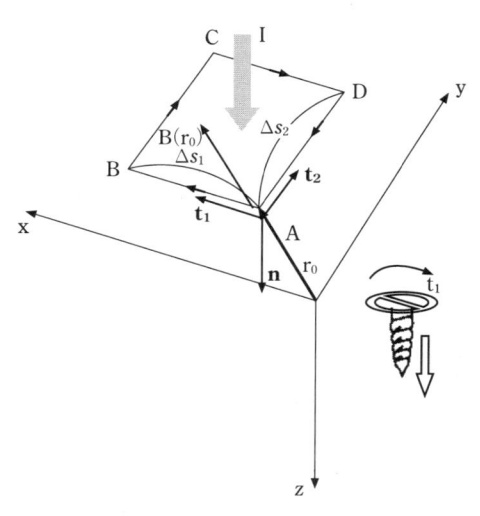

図 11.12 小さな長方形の道筋

$\mathbf{t}_1$：AB 方向の接線単位ベクトル

$\mathbf{t}_2$：AD 方向の接線単位ベクトル，

Δs_1：辺 AB の長さ，Δs_2：辺 AD の長さ

これから他の頂点 B, C, D の位置ベクトルは

$$B：\mathbf{r}_0+\Delta s_1\mathbf{t}_1, \quad C：\mathbf{r}_0+\Delta_1 s\mathbf{t}_1+\Delta s_2\mathbf{t}_2, \quad D：\mathbf{r}_0+\Delta s_2\mathbf{t}_2$$

まず辺 AB, CD についての積分を考える．道筋 AB 上の接線ベクトルは $\mathbf{t}_1$ で，A から距離 s の点の位置ベクトルは $\mathbf{r}_0+s\mathbf{t}_1$ である．辺 AB 上の積分は

$$\int_0^{\Delta s_1} \mathbf{B}(\mathbf{r}_0+s\mathbf{t}_1) \cdot \mathbf{t}_1 ds$$

と書かれる．辺 CD 上の接線ベクトルは $-\mathbf{t}_1$，CD 上の C から距離 s の点の位置ベクトルは $\mathbf{r}_0+\Delta s_2\mathbf{t}_2+(\Delta s_1-s)\mathbf{t}_1$ となり，辺 CD 上の積分は

$$-\int_0^{\Delta s_1} \mathbf{B}(\mathbf{r}_0+\Delta s_2\mathbf{t}_2+(\Delta s_1-s)\cdot\mathbf{t}_1) \cdot \mathbf{t}_1 ds$$

となる．AB, CD の積分の合計は

$$-\int_0^{\Delta s_1} \{\mathbf{B}(\mathbf{r}_0+\Delta s_2\mathbf{t}_2+s\cdot\mathbf{t}_1) \cdot \mathbf{t}_1 - \mathbf{B}(\mathbf{r}_0+s\cdot\mathbf{t}_1) \cdot \mathbf{t}_1\} ds$$

ここで Δs_1, Δs_2 が十分小さいとすれば，被積分関数を以下のように近似できる．

磁界 $\mathbf{t}_1$ の方向の成分を $B_1(\mathbf{r})=\mathbf{B}(\mathbf{r})\cdot\mathbf{t}_1$ とし，変数 $\mathbf{r}$ を座標で表すと，

$$B_1(x_0+\Delta s_2 t_{2x}+st_{1x},\ y_0+\Delta s_2 t_{2y}+st_{1y},\ z_0+\Delta s_2 t_{2x}+st_{1z})$$
$$-B_1(x_0, y_0, z_0) = -\mathbf{t}_2 \cdot [\nabla(\mathbf{B}(\mathbf{r})\cdot\mathbf{t}_1)]_{\mathbf{r}=\mathbf{r}_0}\Delta S$$

となる．$\Delta S=\Delta s_1\Delta s_2$ は道筋の面積である．

---

3 変数の関数の近似公式

$$f(x_0+\Delta x, y_0+\Delta y, z_0+\Delta z)$$
$$= f(x_0, y_0, z_0)$$
$$+ \left[\frac{\partial f(x,y,z)}{\partial x}\right]_{x=0}\Delta x$$
$$+ \left[\frac{\partial f(x,y,z)}{\partial y}\right]_{y=0}\Delta y$$
$$+ \left[\frac{\partial f(x,y,z)}{\partial z}\right]_{z=0}\Delta z$$

磁界 $\mathbf{t}_1$ の方向の成分を $B_1(\mathbf{r})=\mathbf{B}(\mathbf{r})\cdot\mathbf{t}_1$ とし，変数 $\mathbf{r}$ を座標で表すと，

$B_1(x_0+\Delta s_2 t_{2x}+st_{1x},\ y_0+\Delta s_2 t_{2y}+st_{1x},\ z_0+\Delta s_2 t_{2x}+st_{1z})$

$= -\mathbf{t}_2 \cdot [\nabla(\mathbf{B}(\mathbf{r})\cdot\mathbf{t}_1)]_{\mathbf{r}=\mathbf{r}_0}\Delta S$

が得られる．$\Delta S=\Delta s_1\Delta s_2$ は道筋の面積である．辺 BC, DA

についても同じように計算でき，両者の寄与を合わせると図11.11の道筋ABCDAについての周回積分は

$$\oint_C \mathbf{B}(\mathbf{r}) \cdot \mathbf{t}\, ds$$
$$= \{\mathbf{t}_1 \cdot [\nabla(\mathbf{B}(\mathbf{r}) \cdot \mathbf{t}_2)]_{r=r_0}$$
$$-\mathbf{t}_2 \cdot [\nabla(\mathbf{B}(\mathbf{r}) \cdot \mathbf{t}_1)]_{r=r_0}\}\Delta S$$

となる．この結果を成分でまとめ直し，$\mathbf{t}_1$ と $\mathbf{t}_2$ が直交する単位ベクトルで $\mathbf{n}$ もその両者に直交する単位ベクトルであるから，$\mathbf{t}_1 \times \mathbf{t}_2 = \mathbf{n}$

$\mathbf{n}$ は道筋で囲まれた面に垂直な法線単位ベクトルで，その向きは図11.11のように道筋を回る向きを右ネジの回転としたとき，ネジの進む方向になる．ここで，$\left(\dfrac{\partial B_z}{\partial y} - \dfrac{\partial B_y}{\partial z}, \dfrac{\partial B_x}{\partial z}\right.$
$\left. -\dfrac{\partial B_z}{\partial x}, \dfrac{\partial B_y}{\partial x} - \dfrac{\partial B_x}{\partial y}\right) = \mathbf{C}$ とおくと，式 (11.16) は

$$\oint_C \{\mathbf{B}(\mathbf{r}) \cdot \mathbf{t}\}\, ds$$
$$= [\nabla \times \mathbf{B}(\mathbf{r})]_{r=r_0} \cdot \mathbf{n}\Delta S$$

と書き直される．長方形の経路についての計算結果は微小な道筋ならば形によらない．

辺 BC, DA についても同じように計算でき

$$\mathbf{t}_1 \cdot [\nabla(\mathbf{B}(\mathbf{r}) \cdot \mathbf{t}_2)]_{r=r_0}\Delta S$$

となる．

両者の寄与を合わせ書き直すと

$$\oint_C \{\mathbf{B}(\mathbf{r}) \cdot \mathbf{t}\}\, ds = [\nabla \times \mathbf{B}(\mathbf{r})]_{r=r_0} \cdot \mathbf{n}\Delta S \qquad (11.10)$$

となる．

計算は長方形の経路について行なったが，この結果は道筋の形によらない．

(11.10) 式の $\nabla \times \mathbf{B}(\mathbf{r})$ を $\mathbf{B}(\mathbf{r})$ の回転（rotation）という．本によっては $rot\, \mathbf{B}(\mathbf{r})$，$curl\, \mathbf{B}(\mathbf{r})$ と表している．アンペアの法則 $\oint_C \{\mathbf{B}(\mathbf{r}) \cdot \mathbf{t}\}\, ds = \mu_0 I$ の電流を電流密度 $\mathbf{J}$ で表せば

$$\oint_C \{\mathbf{B}(\mathbf{r}) \cdot \mathbf{t}\}\, ds = \mu_0 \mathbf{J} \cdot \mathbf{n}\Delta S$$

である．この式の右辺と (11.10) の右辺を比べると

$$\boxed{\nabla \times \mathbf{B}(\mathbf{r}) = rot\, \mathbf{B}(\mathbf{r}) = \mu_0 \mathbf{J}} \qquad (11.11)$$

となる．また，磁界 $\mathbf{H}$ は $\mathbf{B}(\mathbf{r})/\mu_0$ に等しいことを考慮すると

$$\boxed{\nabla \times \mathbf{H}(\mathbf{r}) = rot\, \mathbf{H}(\mathbf{r}) = \mathbf{J}}$$

これがアンペアの法則の微分形表現になる．

11.4　計算に役立つベクトルポテンシャル

電界は方向と大きさをもつベクトルであった．これに対し静電界のところで学んだ電位はスカラであり大きさのみもつ．しかも電位の勾配を計算することにより電界が演算で導出され，電位の方が扱いやすい．静磁界でこれに相当するのは何か．

静電界と静磁界の対応関係を前章で示した．これによると磁位であるがこれには制約がある．静電界では $rot\, \mathbf{E} = 0$ から $\oint \mathbf{E} \cdot \mathbf{t}\, ds = 0$ であったため電位が定義できた．しかし，磁界の場合は前節から $rot\, \mathbf{B}$ は必ずしも 0 にならず，電流があるとこのことが成り立たなくなる．

静磁界の基本方程式は以下の 2 式である．

$$\nabla \cdot \mathbf{B} = 0 \qquad (11.12)$$
$$\nabla \times \mathbf{B} = \mu_0 \mathbf{J} \qquad (11.13)$$

次のようなベクトルを考えてみる．

$$\mathbf{B} = \nabla \times \mathbf{A} \tag{11.14}$$

これを 2.5 節の公式で計算してみると

$$\nabla \times \mathbf{A} = \left[\frac{\partial A_z}{\partial y} - \frac{\partial A_y}{\partial z}\right]\mathbf{i} + \left[\frac{\partial A_x}{\partial z} - \frac{\partial A_z}{\partial x}\right]\mathbf{j} + \left[\frac{\partial A_y}{\partial x} - \frac{\partial A_x}{\partial y}\right]\mathbf{k} \tag{11.15}$$

これから $\mathbf{B}$ の成分は

$$\left(\frac{\partial A_z}{\partial y} - \frac{\partial A_y}{\partial z}, \frac{\partial A_x}{\partial z} - \frac{\partial A_z}{\partial x}, \frac{\partial A_y}{\partial x} - \frac{\partial A_x}{\partial y}\right) \tag{11.16}$$

である．
このベクトルの発散を計算してみると（2.5 節参照）

$$\nabla \cdot (\nabla \times \mathbf{A}) = 0 \tag{11.17}$$

このように定義した $\mathbf{A}$ をベクトルポテンシャル（vector potential）と呼び量子力学では重要な役割を果たし Bohm と Aharanov がこの役割を検証しノーベル賞を受賞している．さらに量子電気工学の一般理論で $\mathbf{E}$ や $\mathbf{B}$ は現代物理の表式から姿を消し $\mathbf{A}$ や ϕ（スカラーポテンシャル：第 5 章の電位と同じ）に代わりつつある．

この $\mathbf{A}$ を (11.13) に代入した結果を記せば

$$\boxed{\nabla^2 \mathbf{A} = -\mu_0 \mathbf{J}} \tag{11.18}$$

この式は静電界で扱ったポアソンの方程式に対応する．
ここに (11.18) とポアソン方程式を並べて書くと

$$\nabla^2 \mathbf{A} = -\mu_0 \mathbf{J} \tag{11.19}$$

$$\nabla^2 \phi = -\frac{\rho}{\varepsilon_0} \tag{11.20}$$

(11.19) を各成分で表せば

$$\nabla^2 A_x = -\mu_0 J_x, \quad \nabla^2 A_y = -\mu_0 J_y, \quad \nabla^2 A_z = -\mu_0 J_z \tag{11.21}$$

(11.20) の一般解は体積積分で表され

$$\phi = \frac{1}{4\pi\varepsilon_0} \int \frac{\rho dV}{r} \tag{11.22}$$

数学的には (11.19) と (11.20) は同形であるから $\mathbf{A}$ の各成分は

$$A_x = \frac{\mu_0}{4\pi} \int \frac{J_x dV}{r}, \quad A_y = \frac{\mu_0}{4\pi} \int \frac{J_y dV}{r}, \quad A_z = \frac{\mu_0}{4\pi} \int \frac{J_z dV}{r} \tag{11.23}$$

静電界のポテンシャルとの類似から $\mathbf{A}$ はベクトルポテンシャル（vector potential）とよばれている．

【例題 11.5】　z 方向に一定の磁界 B_0 が印加されている場合の

$$\nabla \cdot (\nabla \times \mathbf{A})$$
$$= \left(\frac{\partial}{\partial x}\mathbf{i} + \frac{\partial}{\partial y}\mathbf{j} + \frac{\partial}{\partial z}\mathbf{k}\right) \cdot \left\{\left[\frac{\partial A_z}{\partial y}\right.\right.$$
$$\left.\left. - \frac{\partial A_y}{\partial z}\right]\mathbf{i} + \left[\frac{\partial A_x}{\partial z} - \frac{\partial A_z}{\partial x}\right]\mathbf{j}\right.$$
$$\left. + \left[\frac{\partial A_y}{\partial x} - \frac{\partial A_x}{\partial y}\right]\mathbf{k}\right\}$$
$$= \frac{\partial}{\partial x}\left[\frac{\partial A_z}{\partial y} - \frac{\partial A_y}{\partial z}\right]$$
$$+ \frac{\partial}{\partial y}\left[\frac{\partial A_x}{\partial z} - \frac{\partial A_z}{\partial x}\right]$$
$$+ \frac{\partial}{\partial z}\left[\frac{\partial A_y}{\partial x} - \frac{\partial A_x}{\partial y}\right] = 0$$

静電界のポテンシャルには位置に任意性があった．このため無限遠点のポテンシャルを 0 にとった．このことはベクトルポテンシャル $\mathbf{A}$ にも当てはまる．このために便利な $\nabla \cdot \mathbf{A} = 0$ にとり，(11.28) を導いた．

ベクトルポテンシャルを求めよ．

[解]　問題から $\mathbf{B}(0, 0, B_0)$ であるから式 (11.16) と比較すると
$$\frac{\partial A_z}{\partial y}-\frac{\partial A_y}{\partial z}=0, \quad \frac{\partial A_x}{\partial z}-\frac{\partial A_z}{\partial x}=0, \quad \frac{\partial A_y}{\partial x}-\frac{\partial A_x}{\partial y}=B_0$$
(11.24)

これらは今後数学で習う偏微分方程式の簡単な場合である．ここでは直接解くのでなく，$\mathbf{A}$ として $\mathbf{A}_1(xB_0, 0, 0)$ と $\mathbf{A}_2(-yB_0, 0, 0)$ さらにこれらを組み合わせた $\mathbf{A}_3\left(-\frac{1}{2}yB_0, \frac{1}{2}xB_0, 0\right)$ のような場合を考えてみる．これらが解であるかは式 (11.24) に代入してみればよい．$\mathbf{A}_3$ を $\mathbf{A}_1$ と $\mathbf{A}_2$ との1次結合と数学的には言うが，これはポテンシャルに重ね合わせがきくからである．

このようにベクトルポテンシャルは理論的な計算を行う際に有効になる．

演習問題

11.1 図 11.13 は半径 a [m] の無限長ソレノイドコイルを円筒軸に平行な面で半分に割った断面図を示す単位長さ当りの巻数を n [T/m]，流れている電流を I [A] としたときのコイル内の磁界をビオ・サバールの法則を用いて求めよ．

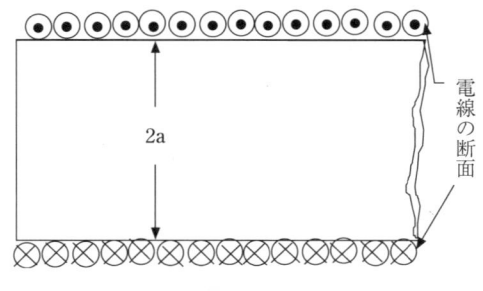

図 11.13

11.2 図 11.14 のような半径 a [m] の（3/4）円の電流と，半無限長の 2 直線電流からなる 3 つの回路に電流 I [A] が流れている．部分円の中心 P の磁界を求めよ．

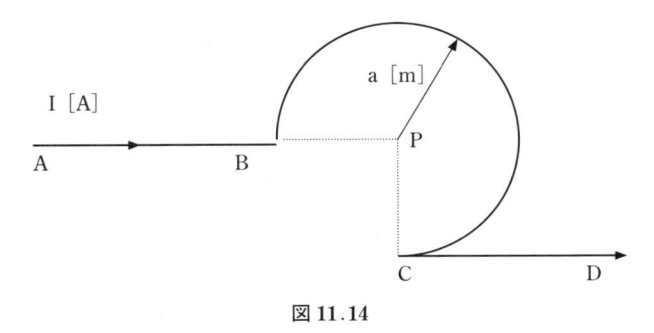

図 11.14

11.3 図 11.15 のような，半径 a [m] で無限の長さの円柱導体がある．電流 I_0 [A] が軸方向に一様な密度で流れている時の円柱内外の磁界を求めよ．

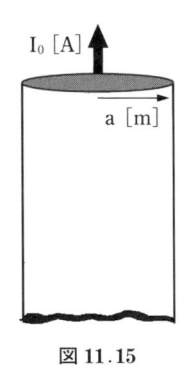

図 11.15

11.4 透磁率 μ，内半径 a，外半径 b，厚さ c の長方形断面を持つ鉄心 A に N 巻きのコイルに I [A] の電流が流れている．コイルの中心から半径 r のコイル内の磁界 H を求めよ．（形状については，バウムクーヘンを思い浮かべよ）

12
磁 性 体

第11章で取り上げたように電流によって磁界が発生することを学習した．磁石に鉄などの金属がくっつくことを体験している．この章ではこのような物質の磁気作用について学習しよう．

12.1 磁性体は磁化される

磁石などを金属に近づけると金属内部の磁界に変化が生じる．このような変化をする物質を磁性体（magnetic material）とよぶ．また磁石にくっつく（吸引される）だけでなく磁石として作用する現象を磁気誘導（magnetic induction）とよぶ．釘などが磁石にくっつき磁石になることを，磁化（magnetization）されたという（図12.1）．

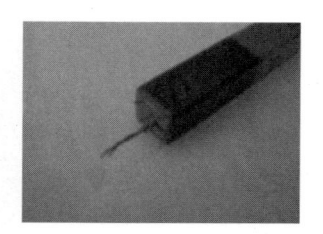

図12.1 永久磁石による砂鉄の磁化

磁性体内部の磁束の発生について考えよう．物質が原子核と電子で構成されているとする．原子核のまわりを電子は回転（スピン）しながら円軌道運動する（図12.2）．この円軌道を描く運動は電子が移動しているので微小な円電流（渦電流）と考えることができる．外部からの磁界により各円電流が回転力を得て向きがそろうと磁化の効果が大きくなると考えられる．磁性体に加えられる磁界がなくなると，円電流の向きが不規則（ランダム）になり磁界の効果が小さくなると考える（図12.3）．これらの効果の大小は物質によって異なる．

金属内部の電子の回転を外部の磁界によりそろえることはなかなかむずかしい．

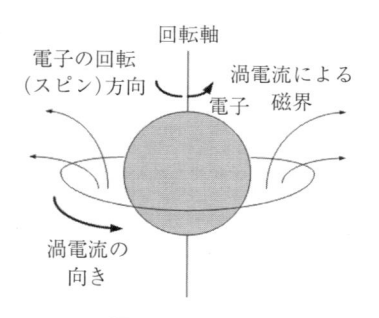

図12.2 スピン
電子の自転している考えから電子の角運動量をスピン（spin）という．磁性体の磁界の源といえる．

磁性体はまわりの磁界による内部の磁束の変化に応じて以下のように分類される．

- 強磁性体（frromagnetics）：鉄やニッケルなどの金属．まわりの磁界により磁束が大幅に増加するもの
- 常磁性体（para-magnetics）：マンガン・クロム・白金酸素や空気もそのなかま．わずかに磁束が増加するもの
- 反磁性体（diamagnetics）：金・銅・水銀などの金属．磁界により内部の磁束が減少するもの

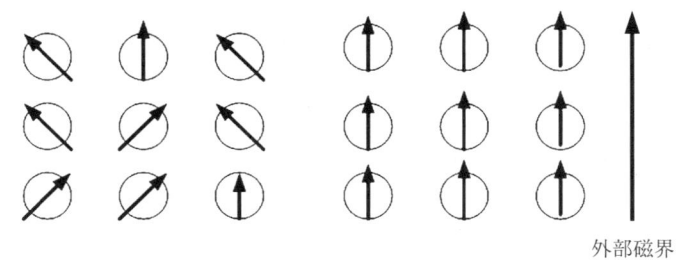

(a) 外部磁界なし　　　　(b) 外部磁界あり

図 12.3 強磁性体の磁化

矢印は磁極の向きを表す．電子の回転による磁界の向きがそろっていないと磁性が弱い．外部からの磁界により電子の回転による磁界がそろうと磁性が強くなる．

強磁性体の中には温度により磁性を失うものもある．この磁性の性質を失う温度をキュリー点（curie point）とよぶ．炊飯器などの温度設定に応用されている．

キュリー点（Curie point）：磁性体の温度が低くなりスピン相互作用により強磁性体になる温度．

12.2　磁化と磁気モーメント

金属などが磁気を帯びることは電子の回転によって発生する渦電流が源である．この電子のスピンなどによる磁極の強さ m と磁極間の長さ l との積を

$$M = ml \tag{12.1}$$

として M を磁気モーメント（magnetic moment）とよぶ（図12.4）．磁化（magnetization）の強さは単位堆積当りの磁気モーメントの大きさで表される．この磁気モーメント M は外部磁界によって発生するものと電子自身のもつ磁気モーメントとに区別される．強磁性体は外部磁界の影響をうけて電子の磁気モーメントが大幅に増加して磁極を形成すると考えられる．このため外部磁界を取り除いても電子の磁気モーメントは完全に元に戻らず内部に外部磁界による効果，すなわち磁気モーメントが物質内部に一部残ることになる．この効果を残留磁界（residual magnetism）とよぶ．

コイルなどに磁性体を挿入し電流を流したとき発生する磁界の磁束密度を B，磁性体内部の磁界を H，磁性体の磁化を M とすると，

$$B = \mu_0 (H + M) \ \text{[T]} \tag{12.2}$$

となる．磁性体の磁化 M は磁性体の磁界に比例するので，

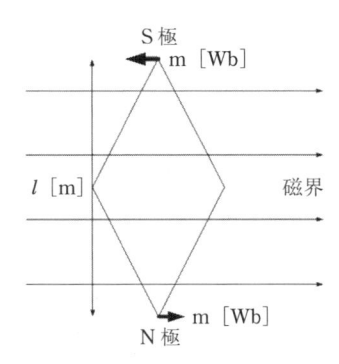

図 12.4　磁気モーメント

$$M = \chi H \quad [\text{A/m}] \tag{12.3}$$

と表せる．ここで χ は磁化率（susceptibility）とよび，

$$B = \mu_0 (1+\chi) H = \mu H \quad [\text{T}] \tag{12.4}$$

磁性体の特性を表す比透磁率（relative permeablity）μ_r は $\mu_r = \mu/\mu_0 = 1+\chi$ と表せる．

12.3 磁性体間の境界条件とはどんなものか

　透磁率が異なる磁性体が層をつくり存在しているとき，その境界での磁界のつながりを考えよう．

　図12.5のように透磁率のことなる磁性体1と2の磁界に対する磁束密度について磁束は必ず閉じたループ（NからS極へ）ができるので，10章で知ったように

$$\int_C B \cdot dS = 0 \tag{12.5}$$

のガウスの定理が成り立つ．

　磁性体1，2の境界で底面積 dS の円筒面を考えると式（12.5）は

$$B_1 \cdot n dS - B_2 \cdot n dS = 0$$

から $B_1 \cdot n = B_2 \cdot n$ となる．この関係から磁性体の境界面では垂直方向の磁束密度は連続であることが導かれる．また，$B = \mu H$ であるから磁界 H の垂直成分は $H_2 = \dfrac{\mu_1}{\mu_2} H_1$ となり不連続になる．この磁界成分の不連続の原因は磁性体に流れる電流（面電流）の効果による（図12.5，図12.6）．

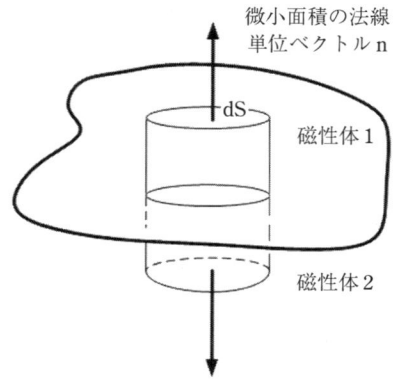

図12.5　2つの磁性体間の境界条件を求める

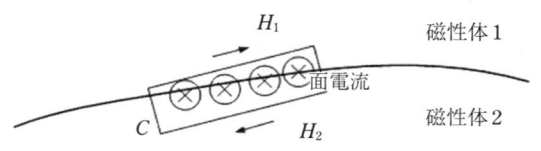

図12.6　磁性体境界での磁界の境界条件
面電流の存在により磁界の垂直成分は不連続になる．
アンペアの法則を経路Cに適用すると理解できる．

12.4　磁気ヒステリシス曲線

　鉄などの強磁性体を磁化すると外部磁界がなくなってももとの状態まで戻らない．強磁性体は磁化された経過により磁気特性に影響がのこる．この現象をヒステリシス現象（hysteresis）とよぶ．ヒステリシス現象は磁性体を磁化する磁界 H と磁性体内部の磁束密度 B（磁化）との関係を表す磁気ヒステリシス曲線で表される．図 12.7 のようにコイル内に磁性体を挿入しコイルの磁界の大きさを変化して磁性体内の磁束密度の変化を調べる．外部磁界ともに磁性体の磁束密度は単調には増加しないで飽和する（点 A）．飽和した磁界を現象すると電流がゼロの状態（点 B）で磁束密度が一時的に残る．この状態で永久磁石になっている．さらに，磁束密度をもとの状態に戻すために外部磁界を減少してもはじめの状態（B=0）に戻らず $H=0$ で磁束密度が残る（点 B）．この磁界のことを残留磁界（residnal magnetism）とよぶ．$H=Hc$ のときはじめて磁束密度がゼロになる．この磁束密度をゼロにするための磁界を保磁力（coercive force）とよぶ．

　この磁気ヒステリシス曲線は磁性体に磁化を起こすための電流を流すことで測定できる．磁気ヒステリシス曲線は磁性体が磁化する際に磁気発生の源である電子の回転の向きが変化することで発生するエネルギーの損失が原因と考えられる．磁気ヒステリシス曲線の囲む面積はその磁性体のエネルギー損失の大小によって変化する．この磁気ヒステリシス曲線の囲む面積を磁気ヒステリシス損（magnetic hysterisis less）とよぶ．なじみある永久磁石は磁界を外部に供給することが目的であるので，磁気ヒステリシスの幅が大きく，残留磁界が大きい特性の磁性体が適している．逆に交流電気機器で使用する磁性体は磁気ヒステリシス損失が小さいほうがエネルギー損失が少なくて効率がよい．交流電流 I による単位体積当りの磁気ヒステリシス損失は P_L は，

$$P_L = f\eta B_{max} \quad [W/m^3] \quad (12.6)$$

ここで f は交流電流の周波数，η はヒステリシス定数 $[J/Tm^3]$，B_{max} は磁束密度最大値である．

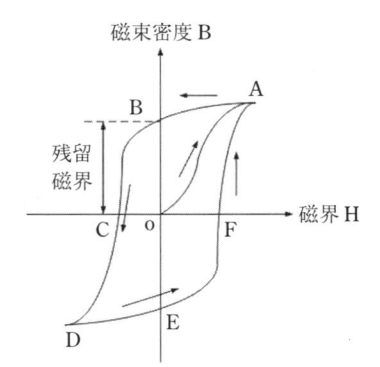

図 12.7　代表的な磁気ヒステリシス曲線
横軸の磁界は磁性体を取り巻くコイルなどによる磁界でありコイルを通過する電流Ⅰとコイルの単位長さ当たりの巻き数 n で決まる．

12.5　回路の考え方で磁束を解析しよう

　コイル内の磁性体を通過する磁束は，直流電気回路の電流とよく似

磁気抵抗：磁気抵抗の定義は $R_m = \oint_c \frac{1}{\mu S} ds$ である．磁性体の透磁率が変化する場合は区間に分けて磁路Cで積分が必要になる．また，電気回路と同様に磁気抵抗は合成できる．

ている．このように磁性体内部の磁束の流れに注目した考え方を磁気回路（magnetic circuit）とよぶ．磁気回路と電気回路は以下のように対応関係が成り立つ．磁束が通過する経路を磁路（magnetic path）とよぶ．電気回路をとおなじように磁束の通りにくさを磁気抵抗（magnetic resistance）とよぶ．断面積 S 磁路長 l 磁路を構成する材料の透磁率を $\mu = \mu_r \mu_0$ とし，μ_r は磁性体の比透磁率，μ_0 は真空の透磁率とする．磁気抵抗 R_m は，

$$R_m = \frac{l}{\mu S} \quad [\text{A/Wb}] \tag{12.7}$$

とする．磁束を発生する源はコイルに流れる電流であるのでその大きさを起磁力（magneto motive force）とよび NI で表す．

　コイル内の磁性体の透磁率が変化しても断面を通過する磁束は変化しないことから電気回路と同じように起磁力，磁束，磁気抵抗に結びつける磁気回路のオームの法則（Ohm's law）は，

$$\phi R_m = NI \tag{12.8}$$

となる（図12.8）．

電気回路	⟺	磁気回路	
電流	I	磁束	ϕ
起電力	E	起磁力	NI
抵抗	R	磁気抵抗	R_m

電気回路と磁気回路の対応関係

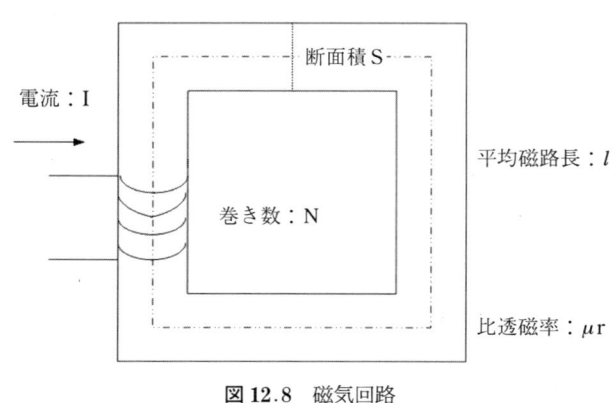

図 12.8 磁気回路

図 12.9 エアギャップをもつ鉄心入りコイル
磁性体が異なる部分は直列磁気抵抗の接続と考えればよい．

【例題】　エアギャップをもつ環状コイル

図 12.9 のようなエアギャップをもったコイルの磁路内の磁束を求めよう．

［解］　鉄心部分と空層部分（真空とする）の磁気抵抗はそれぞれ

$$\text{鉄心部分}\quad \frac{l}{\mu_r\mu_0 S} \qquad \text{空層部分}\quad \frac{g}{\mu_0 S}$$

となり，磁束の流れに対して直列に磁気抵抗が接続されているので，

$$\phi = \frac{NI}{\dfrac{l}{\mu_r\mu_0 S} + \dfrac{g}{\mu_0 S}}$$

となる．

演習問題

12.1　長さが $l_1=50$ cm，切り口の面積が 4 cm^2 の鉄材でエアギャップのある円環をつくり，コイルを巻いて（巻き数 800，鉄の比透磁率 2000 とする）電流 10 A を流した．円環の先が $l_2=0.1$ cm 離れていて（エアギャップ）となっているとき鉄心を通過する磁束を求めたい．以下の設問に沿って解答せよ．ただし，エアギャップ間の磁束の広がりはないものとする．

(1) 磁気回路のオームの法則から等価回路を示せ．
(2) 合成した磁気抵抗を求めよ．
(3) 起磁気力はいくらか．
(4) 磁束を求めよ．

12.2　断面積 30 cm^2，平均磁路長 1 m の鉄心（ヒステリシス係数 $\eta=250$ ［J/Tm^3］）に周波数 50 Hz，最大磁束密度 3 T を加えた．このときの磁気ヒステリシス損失を求めよ．

13
電磁誘導

これまでの章では静電界と定常磁界の基礎を学習してきた．この章から時間とともに変化する電界および磁界について学習しよう．

13.1 コイルを通過する磁束と電磁誘導

図 13.1 電流なし

図 13.2 電流あり

エルステッドの実験再現．方位磁石と直線電流　電流磁界により方位磁針が振れる．100 mA 程度の電流が磁界をつくりだし，方位指針を振らせる．

検流計：μA の電流を検知する電流計．とくに電流値を測るより電流の向きなどを確認する目的で使用される．

エルステッドは 1820 年に電流が方位磁石の磁針の触れに影響を与えることを実験的に確認し電流の磁気作用を発見した（図 13.1，13.2）．その後ファラデーは電流が磁界を生じるのであれば，逆に磁界が電流を発生できると考え実験と考察を繰り返した．

図 13.3 のようなコイルと磁石，検流計からなる実験装置を用いて，磁石を前後に運動させると検流計の針が振れ，コイルに電流が流れることが確認できる．この現象は磁石による磁束がコイルを通過する大きさが関係していると考えられる．また，実験からコイルの移動する速さが早いほどすなわち，磁石がつくる磁束がコイルを通過する時間変化が大きいほどコイルに生じる起電力 V [V] が大きくなる．磁石のつくる磁束を ϕ [wb] で表すと，これらの実験結果は以下の時間 t による微分（時間変化）の関係式で表現できる．

$$V \propto \frac{d\phi}{dt}$$

コイルに磁石が近づくとコイル内を通過する磁束が増加するので，増加する磁束を打ち消すように起電力が生じ電流が流れる．このときに電流による磁界の向きは電流の流れる向きと右ネジの法則により確認できる．またコイルから磁石が遠ざかるとコイルを通過する磁束が減少するので，減少する磁束をもとにもどす（増加する）ように起電力が生じコイルに電流が流れる．

コイルを通過する磁束が変化したとき，コイル（あるいは閉回路）に起電力が発生する現象を電磁誘導（electromagnetic induction）とよび，その起電力を誘導起電力（induced electromotive force），そのとき流れる電流を誘導電流（induced current）とよぶ．ファラデ

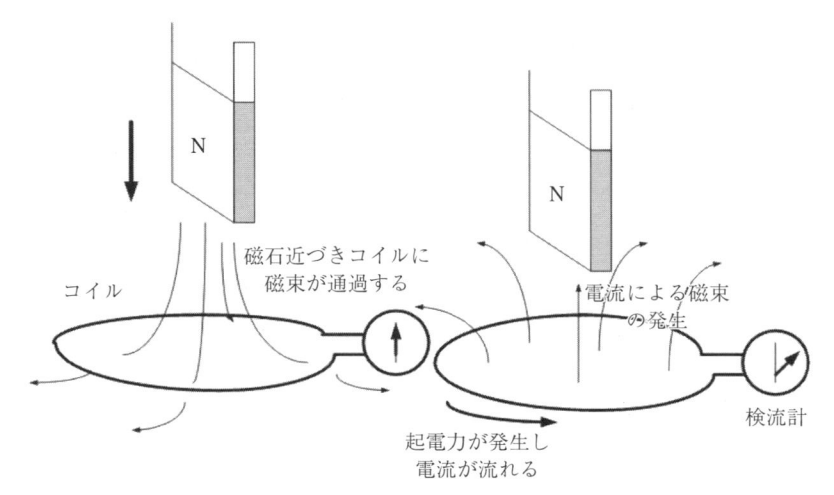

図 13.3 1回巻きコイルに磁石の N 極が接近する
コイル内の磁束の増加を打ち消すように逆向きの磁束が発生する．磁束が発生するためには電流が流れる．電流がコイル内に流れるためにはコイル内に起電力が発生しなければならない．

—は電磁誘導現象を以下のようにまとめた．

電磁誘導によってコイルに発生する誘導起電力 V は，コイルを通過する磁束 ϕ の時間変化に比例する．

したがって，コイル内の磁界が変化しない定常的な状態ではこの誘導起電力は生じない．

右ネジの法則：電流の流れる向きにあわせてネジが回転して進む向き（時計回り）に磁界が発生する．

13.2 誘導起電力の向きとレンツの法則

図 13.3 の実験結果を再確認しながらさらに考察しよう．コイルの移動方向と誘導電流の向きに注目すると，コイルを通過する磁束が増加すると誘導起電力は図の電流の向，磁束が減少するときは反対方向に発生する．第 11 章で学習したようにコイルを流れる電流は磁界を生じるので誘導電流の作る磁界の向きは図 13.3 からコイル内の磁束の増減を打ち消す方向に生じることがわかる．電磁誘導によって生じる誘導起電力の向きは以下のレンツの法則（Lenz's law）でまとめられる．

電磁誘導によって生じる誘導起電力は，コイルを流れる誘導電流がつくる磁束がはじめの磁束の増減を打ち消す向きに発生する．

さらに，ノイマンはファラデーの法則およびレンツの法則を以下のように式にまとめた．誘導起電力 V はコイルに鎖交磁束 ϕ とすると，

$$V = -\frac{d\phi}{dt} \tag{13.1}$$

鎖交磁束数：コイルの巻き数が多いとコイルを通過する磁束は巻き数倍する．

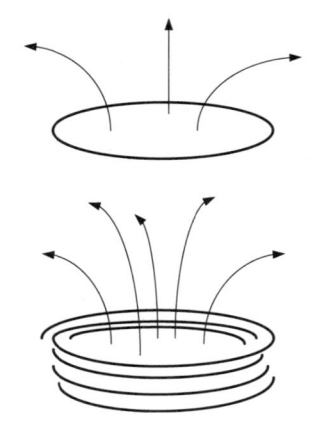

図 13.4 コイルの巻き数と磁束

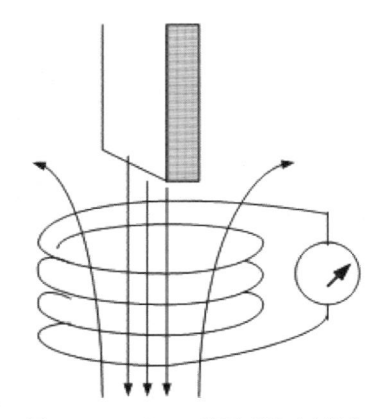

図 13.5 コイルに磁石が近づく場合コイル内に磁束が増加するのでコイルが打ち消す磁束を発生するため誘導起電力が生じる．

ストークスの定理：線積分を面積分との関係を表した定理
$$\int_C A \cdot ds = \int_S \nabla \times A \, dS$$

となる．式のマイナスはレンツの法則のコイル内の磁界の増減を打ち消す向きを表している．またコイルの巻き数を考慮するとコイルに鎖交磁束が増加するので巻き数 N をもちいて誘導起電力は，

$$V = -N\frac{d\phi}{dt} \qquad (13.2)$$

となりコイル巻き数に比例して発生する誘導起電力が増加することになる（図 13.4）．

誘導起電力は以下のような場合に生じる．

1) コイルや導線による閉回路内の磁束が時間とともに変化するとき．たとえば，コイルに磁石が近づく．2つ以上のコイルが接近し存在し，ひとつのコイルからの磁束が他のコイルに影響を及ぼす（図13.5）．

2) 定常磁界中をコイルや導線などによる閉回路が通過するとき．たとえば，導線枠やコイルが磁界中を移動（運動）するとき．

3) コイルに流れる電流が変化し，コイル自身に発生する磁束によって起電力が発生するとき（自己誘導起電力）．誘導起電力 V が閉回路（コイルや導線枠）で発生したと考えると，電界 E をもちいて

$$V = \int \mathbf{E} \cdot d\mathbf{l} \qquad (13.3)$$

で表される．式 (13.1) と磁束 Φ は磁束密度 B の面積分で表せることから，

$$\int \mathbf{E} \cdot d\mathbf{l} = -\frac{d}{dt}\int \mathbf{B} \cdot d\mathbf{S} \qquad (13.4)$$

となり，ベクトル解析のストークスの定理をもちいると，

$$\int_S (\nabla \times \mathbf{E}) \cdot d\mathbf{S} = -\int_S \frac{\partial \mathbf{B}}{\partial t} \cdot d\mathbf{S} \qquad (13.5)$$

となる．ここで $\frac{\partial}{\partial t}$ の微分は磁束の時間的な変化のみに注目しているという意味である．

ストークスの定理の積分範囲（面積）S が両辺とも同じであるとすると，

$$\nabla \times \mathbf{E} = -\frac{\partial \mathbf{B}}{\partial t} \qquad (13.6)$$

が導かれる．この式は電磁界の様子を表すマクスウェルの方程式（Maxwell's equation）のひとつである．

13.3 磁界内を運動する電子に力が働く

電界から電荷に静電気力 $\mathbf{F}=q\mathbf{E}$ が働くことを 4.2 項で学習した．ここでは磁界内を移動する電荷と力について考えよう．一様な磁界内を速度 v で運動する電荷 q に作用する力 $\mathbf{F}$ を実験的に検証すると磁束密度 $\mathbf{B}$ の磁界中では，

$$\mathbf{F}=q\mathbf{v}\times\mathbf{B} \tag{13.7}$$

の力が作用する．磁界から運動する電荷は電荷の進行方向に対して直角方向に作用するので電荷の運動速度を変化しない．したがって運動する電荷が磁界から受ける電磁力は運動エネルギー（$1/2mv^2$）も変化しない（図13.7）．いいかえると定常磁界（時間的に変動しない磁界）は運動する電荷にエネルギーを与えない．先に学習した電界から電荷に作用する力とこの磁界から受からの力を重ね合わせて，

$$\mathbf{F}=q(\mathbf{E}+\mathbf{v}\times\mathbf{B}) \tag{13.8}$$

を得る．この力 $\mathbf{F}$ はローレンツ力（Lorentz force）とよばれ一様な電界，磁界中の電荷の運動を決定する力である．

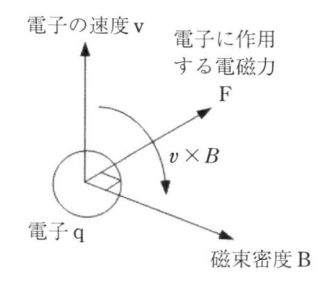

図 13.6
速度ベクトルと磁束密度のベクトル積で電荷に作用する電磁力が決まる．

13.4 導線が磁界中を移動しても起電力を生じる

前項ではコイルを通過する磁界（磁束）の変化による誘導起電力を取り上げた．コイルが磁界中を移動したときにも誘導起電力が生じる．図13.7のように磁束密度 $\mathbf{B}$ の磁界中を導線が速度 v 移動する場合を考察しよう．

磁束密度 $\mathbf{B}$ の磁界中を導線が移動すると，導線内の自由電子（電荷量 $-q$）は速度 $\mathbf{v}$ で移動することと同じである．磁界中を移動する電子には磁界から $\mathbf{F}=-q\mathbf{v}\times\mathbf{B}$ の力が作用する．電子に作用する力 $\mathbf{F}$ が電界 $\mathbf{E}$ による作用と考えると $\mathbf{F}=-q\mathbf{E}$ の関係より，

$$\mathbf{E}=\mathbf{v}\times\mathbf{B} \tag{13.9}$$

導線が磁界中を移動しているときには導線に電界 $\mathbf{E}$ が導線に生じていることと同じである．磁界中を移動する導体の長さを l とすると導線両端の電位差 V は $V=\int_0^l \mathbf{E}\cdot d\mathbf{l}$ より導体の両端には $V=vBl$ の起電力が生じる．この磁界中の導線の移動による誘導起電力の向きは図13.8のような右手の3指によって置き換えられ，これをフレミン

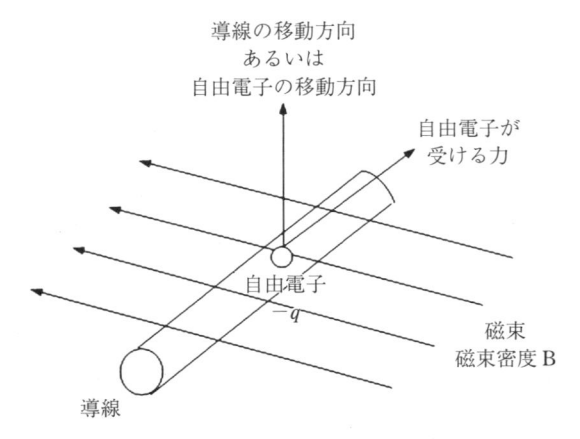

図13.7 磁界中を移動する導線
磁界中の導線内の自由電子に働く力を，電界からの力が作用していると考える．

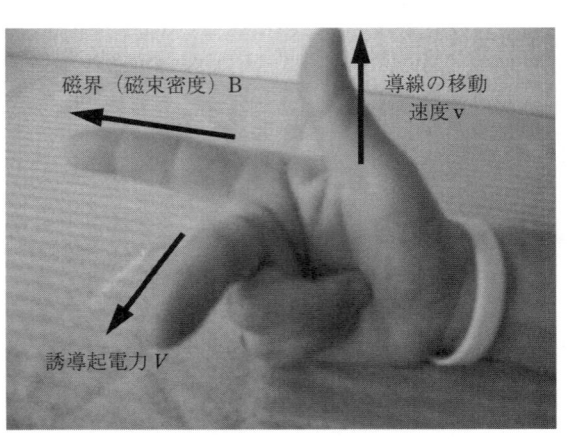

図13.8 フレミングの右手則
親指は導線の速度，人差し指は磁界，中指は誘導起電力の向きを表す．

グの右手則（Fleming's right-hand rule）という．また，図13.9のような導線でできた長方形枠を磁束密度 B〔T〕の一様な磁界中に置く．

辺 AB を l〔m〕の導線が磁束に対して垂直に方向に速度 v〔m/s〕で移動する．導線の両端には誘導起電力が生じBからAの方向に電流が流れる．（各自フレミングの右手則で確認しよう．）導線が t 秒間に移動する距離は vt〔m〕で $Bavt$〔Wb〕（導線が移動することで増加した面積 avt）の磁束が導線枠内に増加する．このときの閉回路の磁束が変化するので誘導起電力が生じその大きさは $e=vBa$〔V〕となる．起電力の向きはフレミング右手則で確認しよう．導線枠の全体の電気抵抗を R〔Ω〕とすると回路には電流 $I=e/R$〔A〕が流れる．したがって速度 v で時間 t 秒間導線が移動することにより回路内で，

$$P=RI^2=\frac{(vBa)^2}{R}t \qquad (13.10)$$

の電力 P が消費される．また別の考察では磁界中を導線が移動させるためには

$$F=IBa \qquad (13.11)$$

の力が必要となる．時間 t 秒あたりに導線に与える仕事 P'（＝力×移動距離）は，

$$P'=IBavt \qquad (13.12)$$

となる．導線を移動するために必要な仕事量が回路に発生する電力量に変換されたと考えられる．

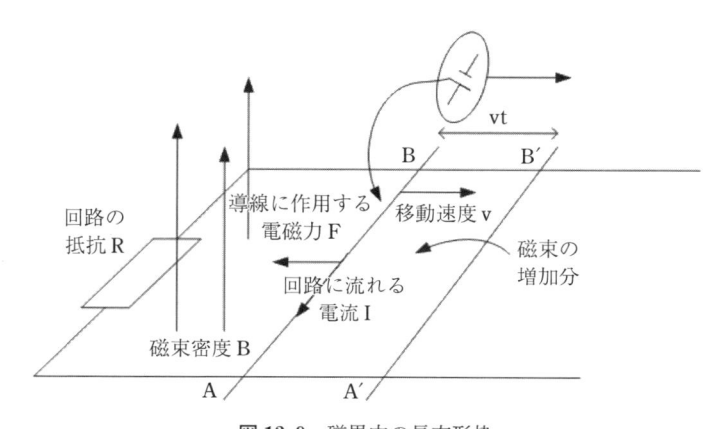

図 13.9 磁界中の長方形枠
導線 AB が移動すると起電力 vBa の電池が移動していることと同じである．

13.5　磁界中でコイルを回転して交流を取り出そう

　家庭などに供給される交流はどのように発生されているのだろう．この発生にも誘導起電力が働いている．図 13.11 のように磁界中を一定の速度 v で導線枠を回転させたとする．導線枠（ABCD）が磁界中を回転することで導線枠内を通過する磁束が変化し式（13.2）で求められる誘導起電力が導線両端から発生する．

　一様な磁界中を導線枠（長方形）が回転すると図 13.11 から，

$$\phi = BS \cos \theta \tag{13.13}$$

の式のように導線枠を通過する磁束が導線枠の回転に応じて変化する．導線枠を回転する速さを角速度 ω [rad/s] とすると力学で学習する円運動の関係 $\theta = \omega t$ から磁束は $\phi = BS \cos \omega t$ となる．したがって，導線両端 PQ に発生する誘導起電力は，

$$V = -\frac{d\phi}{dt} = BS\omega \sin \omega t \tag{13.14}$$

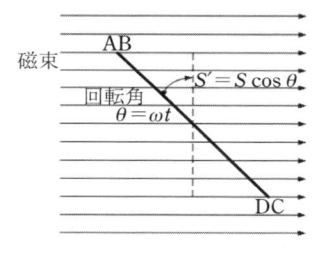

図 13.11 導線枠を通過する磁束
導線枠が回転すると枠内を通過する磁束が回転角によって変化する．

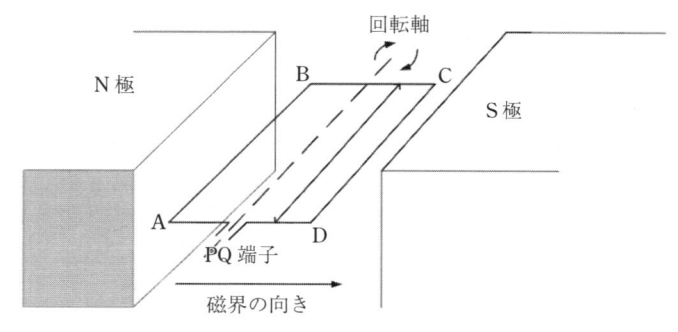

図 13.10 磁界中で導線枠を回転する
導線枠がコイルになっても同じである．発電機の原理になっている．

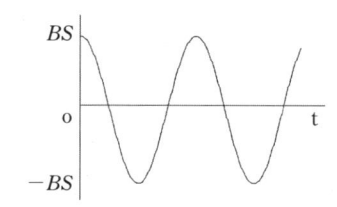

(a) コイルを通過する磁束密度 B の時間変化

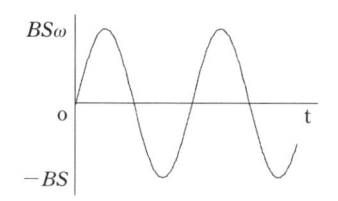

(b) コイル両端に発生する誘導起電力

図 13.12 コイルを通過する磁束

となり正弦波で時間変化する交流が取り出せる（図13.12 (a) (b)）。これは水力発電，火力発電などで用いられる発電機の原理でありそれぞれ水圧力や蒸気圧力でコイルを回転し交流を発生している。この場合もコイル状に巻き数が増加すると巻き数に比例して誘導起電力は増加する。

13.6　自己誘導・相互誘導とインダクタンス

コイルに電流を流すと第11章で学習したように右ネジの法則にしたがい磁界が生じる。この電流をスイッチによって瞬間的に取り除くと（電流＝0），コイルに生じる磁界やコイルの両端の電圧はどうなるのだろう。単純に考えると電流がなくなり磁界や電圧がなくなるような感じがするが，前項で学習した内容をもちいると，磁界の変化を妨げるように誘導起電力が生じその効果が回路に影響する。電流が減少することで磁束の減少が生じないような起電力が生じることになる。

自己インダクタンスと相互インダクタンス

コイルに流れる電流が増減すると誘導起電力が生じる。コイルに発生する誘導起電力はコイル内の磁性体やコイルの形状や大きさによって異なる。コイルに電流を流したときに発生（鎖交）する全磁束 Φ とコイルに流れる電流との比例定数を自己インダクタンス（self inductance）とよぶ（図13.13）。自己インダクタンスを L で表すと，

$$LI = \Phi \tag{13.15}$$

の関係になり，Φ はコイルの巻き数を考慮した鎖交全磁束である。自己インダクタンスの単位はヘンリー［H］で表す。自己インダクタンスはコイルに流れる電流1Aのとき，コイルに発生する全磁束が1Wbのとき1Hとなる。また，誘導起電力の定義から磁束の時間的な変化はコイルに発生する起電力になるので式（13.15）の両辺を時間微分して，

$$\frac{d\Phi}{dt} = V = -L\frac{dI}{dt} \tag{13.16}$$

に書き換えられる。誘導起電力の向きは磁界（磁束）の変化を妨げる向きに発生するので式にマイナス（−）記号がついている。

コイルを設計することは少ないと思うがここでは簡単な形状の自己インダクタンスを計算してみよう。この計算は磁束密度をもとめるアンペールの法則や自己インダクタンスの定義など磁気現象の復習にはよい問題である。自己インダクタンスは以下の手順で求められる。

図13.13　市販のインダクタンスの例

自己インダクタンスの計算方法

1) コイルに電流を流したとき発生する磁束密度をアンペールの法則などで求める．
2) コイル内に存在する全磁束を求める．このときコイルの巻き巻き数も忘れないこと．
3) 自己インダクタンスの定義にもとづき L を決定する．

【例題 13.1】 無端ソレノイドコイルの場合

［解］ 図 13.14 のようなドーナツ形状の端がないコイルを無端ソレノイドとよぶ（図 13.15）．

コイル内が真空で中心から半径 R [m] の円周（コイルの中心線上）を周回積分路としてアンペールの法則を適用すると，

$$\oint B(R)\,ds = 2\pi R B = \mu_0 N I \tag{13.17}$$

となる．コイル中心線上の磁束密度 $B = \dfrac{\mu_0 N I}{2\pi R}$ [T] が求められる．

コイルの断面（円形半径 a [m]）に比べ R が十分大きいとする，中心線上の磁束密度 B はコイル断面の磁束密度の平均値と考えてよいのでコイル断面を通過する全磁束は，

$$\varPhi = \pi a^2 N B = \frac{\mu_0 a^2 N^2 I}{2R} \ [\text{Wb}] \tag{13.18}$$

となる．自己インダクタンスの定義 $\varPhi = LI$ より，

$$L = \frac{\mu_0 a^2 N^2}{2R} \ [\text{H}] \tag{13.19}$$

図 13.15 無端ソレノイドの例

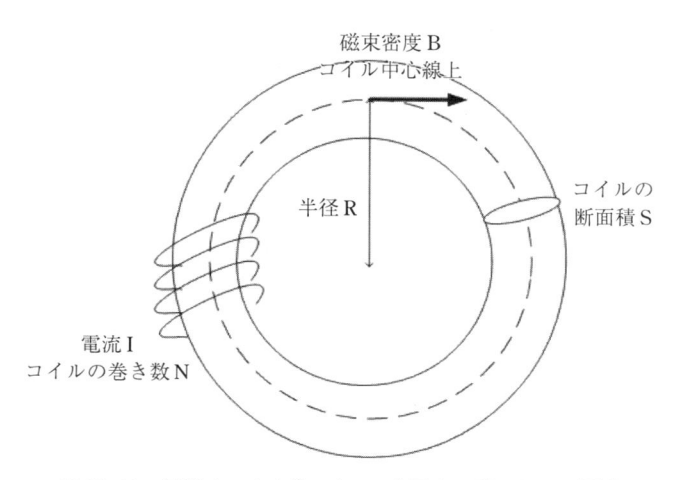

図 13.14 無端ソレノイドコイルの自己インダクタンス解析
図 13.16 のような無端ソレノイド．

図 13.16 同軸ケーブルの断面モデル

内部導線と外部導線間の磁束を求めよう．

図 13.17 同軸ケーブル

が得られる．

【例題 13.2】 同軸ケーブルの自己インダクタンス

[解] コイルだけでなく信号を伝達するケーブルにも自己インダクタンスがある．オーディオ機器や信号伝達に用いられる同軸ケーブルの自己インダクタンスについて考察しよう（図 13.16, 17）．
同軸ケーブル内側は半径 a [m] の円筒導体，外側は半径 b [m] の円筒導体とし，導体間は真空と仮定する．内外導体にはそれぞれ I，$-I$ [A] の電流が流れている．導体間の磁束が（鎖交磁束）自己インダクタンスと関係するので，同軸ケーブル単位長さ当りに鎖交磁束 Φ を求めると，

$$\Phi = \int_a^b \frac{\mu_0 I}{2\pi r} dr = \frac{\mu_0 I}{2\pi} \ln \frac{b}{a} \quad [\text{Wb/m}] \tag{13.20}$$

自己インダクタンスの定義から，

$$L = \frac{\mu_0}{2\pi} \ln \frac{b}{a} \quad [\text{H/m}] \tag{13.21}$$

となる．

13.7 近くのコイルのつくる磁界の効果は相互インダクタンス

2つ以上のコイルが近づき連結しているとひとつのコイルの影響が他のコイルにおよぼしあう．この電磁的な影響があるコイルを電磁結合しているという．コイル間の電磁結合の強さを表す定数として相互インダクタンスをもちいる．

図 13.18 のように2つのコイルが電磁結合し，コイル1に電流 I_1 が流れ発生する磁束がすべてコイル2に鎖交したとする．

$$\Phi_{21} = M I_1 \tag{13.22}$$

と表せる．ここで M をコイル1と2の間の相互インダクタンス (mutual inductance) とよぶ．コイル2に流れる電流 I_2 による磁束がすべてコイル1に鎖交したとすると，

$$\Phi_{12} = M I_2 \tag{13.23}$$

となる．
コイル1を流れる電流 I_1 が時間とともに変化すると

$$-\frac{d\Phi_{21}}{dt} = V = -M \frac{dI_1}{dt} \tag{13.24}$$

となりコイル2に誘導起電力が生じる．この場合，コイル2の巻き方

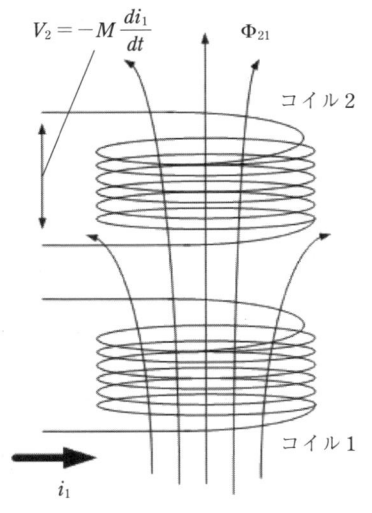

図 13.18 コイル1とコイル2の電磁結合

向に注意が必要であり，コイルの磁界変化（増減）を打ち消す向きに電流が流れる．

さらに自己インダクタンスと相互インダクタンスの関係を考えよう．コイル1に電流が流れてコイル1に鎖交磁束 Φ_{11} は相互誘導によって生じるコイル2の鎖交磁束 Φ_{21} より大きい．$\Phi_{11} > \Phi_{21}$ より $L_1 > M$ となる．したがってコイル1, 2間の相互インダクタンスは，

$$M^2 = k^2 L_1 L_2 \quad (13.25)$$

となる．実際にはコイルの電磁連結において磁束の漏れが生じる．実際面を考慮して電磁結合の度合いを表す係数として結合係数（coupling factor）k をもちいる．結合係数 k は0から1の間の値であり，1に近いほど互いのコイル間の磁束の漏れがすくないことになる．

13.8 コイルにもエネルギーが蓄えられる

コイルに電流を流すと磁界が生じる．磁界はエネルギーを蓄えることができる．コンデンサが静電エネルギーを蓄えることと対応する（図13.19）．自己インダクタンス L のコイルに時間 t 秒間に電流 i 変化したら，コイルには誘導起電力 V の大きさは

$$V = L\frac{di}{dt} \quad (13.26)$$

となる．時間 t の瞬間の電力 $P = iv$ は，

$$P = Vi = L\frac{di}{dt}i \quad (13.27)$$

この過程でコイルに電源から供給される全電気エネルギー（電力）W は，時間 t 秒間の合計になるので，

$$W = \int_{i=0}^{i=I} Pdt = \int_0^I Lidi = \frac{1}{2}LI^2 \quad [J] \quad (13.28)$$

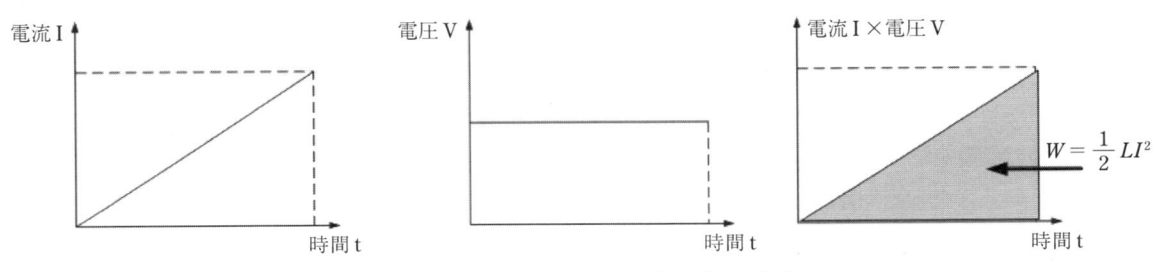

図 13.19 コイルに蓄えられるエネルギーの考え方
コイルに流れる電流が変化すると起電力が生じる．起電力と電流の積が電気的なエネルギー（電力）に対応するので電流と電圧の積のグラフの面積がコイルに蓄えられるエネルギーになる．

となる．

また自己インダクタンス L の定義から蓄えられる電磁エネルギーは，

$$W = \frac{1}{2}N\phi I \tag{13.29}$$

となりコイル内の磁束と電流の積で表される．理想的（エネルギーが他にとられない）にはこのエネルギーはコイルに蓄えられている．スイッチなどによって電気回路のようすが急変したときに生じる過渡現象などはコンデンサに蓄えられた静電エネルギーやこのコイルの電磁エネルギーが回路にエネルギー供給することが原因となる．

13.9 磁界と電流間にも力が働く

電荷が電界から静電気力をうけることや，磁石の磁極が力を及ぼしあうことを学習した．図13.20のように磁界中に電流をおいた状態を考えよう．第11章で学習したように電流によりその周りに磁界をつくる．電流を取り囲む磁界と電流がつくる磁界がたがいに合成し新し

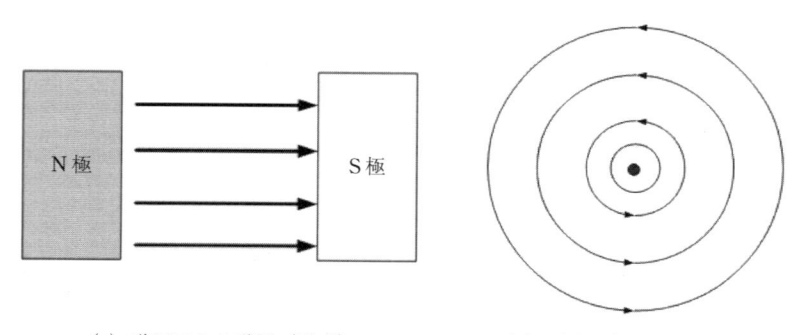

(a) 磁石による磁界（磁束）

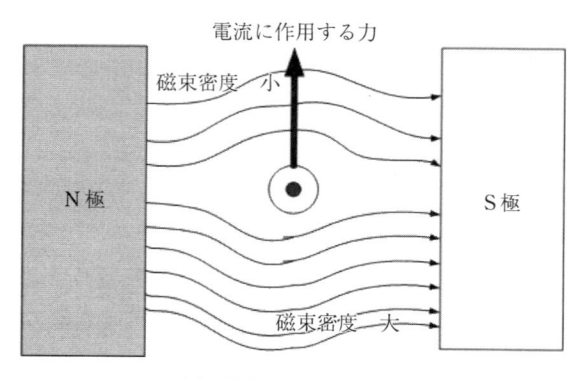

(b) 電流が作る磁界（磁束）

(c) 磁束の合成と電磁力

図 13.20　磁界中の電流
磁石による磁束 (a) と電流による磁束 (b) が合成され新しい磁界が生じる．磁束の密度差により電流に力が働く (c)．

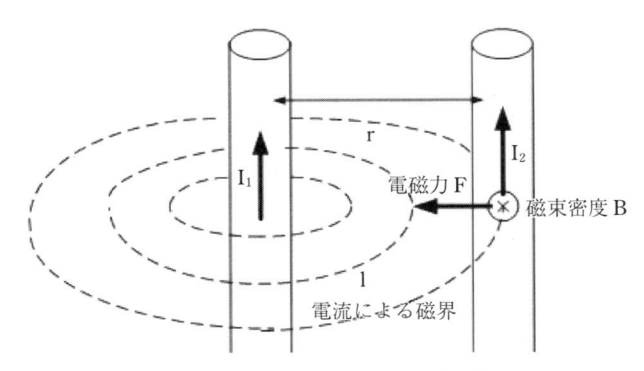

図 13.21 電流間に作用する電磁力
同方向に電流が流れると引力が反対方向に流れている場合は反発力が作用する．

い磁界が生じると考えられる．

図 13.20 (C) に示すように電流の上部と下部には磁束の差が生じる．電流の周りの磁束を線状のゴムのようなものと考えると密度が大きいほうから少ないほうに押し上げる力が電流（導線）に働き押し上げられる．この力を電磁力とよぶ．

磁界から電流が電磁力を受けるので，電流が作る磁界から電流に力が作用する．2つの電流間に作用する電磁力を考察しよう．図 13.21 のように2本の直線電流が間隔 r はなれて置かれている．同一方向に電流が流れているときには電流間に引力が，反対方向に流れているときには反発力が作用する．一方の電流 I_1 に注目すると電流のまわりには磁界が生じる．他方の電流 I_2 と電流 I_1 のつくる磁界が交差すると $\mathbf{F}_2 = \mathbf{I}_2 \times \mathbf{B}_1$ の電磁力が作用する．
電流 I_1 のつくる磁束密度 B_1 は，

$$B_1 = \frac{\mu_0 I_1}{2\pi r} \quad [\mathrm{T}] \tag{13.30}$$

となり，電流 I_2 に作用する力 F_2 は

$$F_2 = \frac{\mu_0 I_1 I_2}{2\pi r} \quad [\mathrm{N/m}] \tag{13.31}$$

となる．この電流間に作用する電磁力は SI 単位系の電流 1 A の大きさを求められる．式 (13.31) より，1 A とは，間隔 1 m の平行な直流電流に 1 m 当り 2×10^{-7} N の力が作用するときの電流の大きさであり単位を決定する標準として用いる．

標準：1単位の大きさを測定によって普遍的に示すこと．長さ1mを定規のようなもので表すのではなく光をもちいた実験で定義すること．国際単位で決められている．

13.10 電磁力で回転するモータ

電磁力の向きは電流の向き，電流を取り巻く磁界（N から S）の

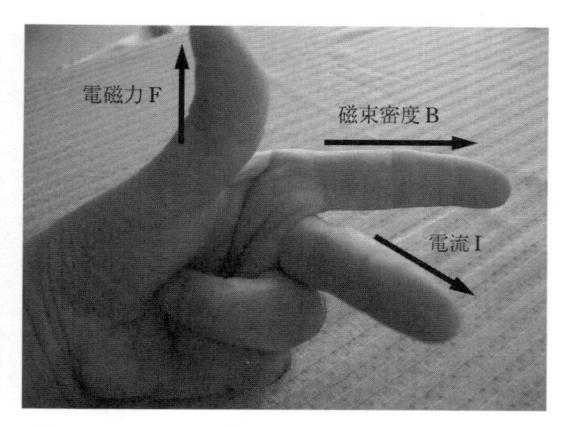

図13.22 フレミングの左手則（Fleming's left-hand rule）

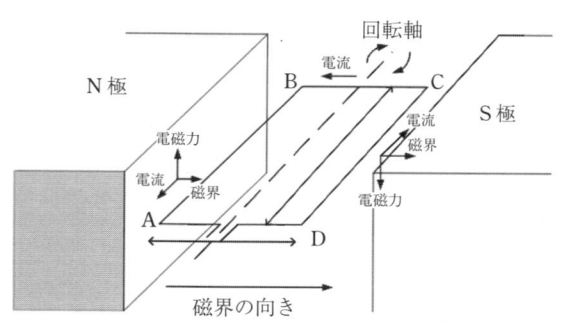

図13.23 磁界中の長方形コイルと電磁力
模型などでもちいるモータの基本原理．みなさんも導線枠に加わる電磁力の向きを考えよう．

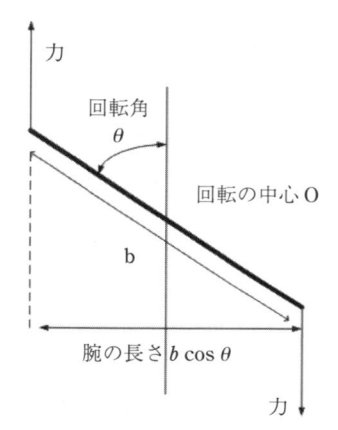

図13.24 偶力とトルク
回転力（torque：トルク）＝偶力×偶力間の距離（腕の長さ）

向きにより決定する．この関係を覚えやすくした法則として図13.22のようなフレミングの左手則（Fleming's left-hand rule）がある．

図13.23のように一様な磁界中で長方形の導線枠に電流Iを流し速度vで回転運動させたとする．図の辺ABとCDにはフレミングの左手の法則によって示される向きの電磁力が働く．これらの電磁力は導線枠を回転するような偶力として作用し導線枠は回転する（図13.24）．このとき導線枠（辺ABとCD）に作用する電磁力の大きさは

$$F = IBa \quad [\text{N}] \quad (13.32)$$

となり辺ABと辺CDに発生する電磁力は大きさが等しく向きが反対な偶力となりこの力により導線枠が回転する．回転の強さを表す回転力（トルク）は偶力と腕の長さの積で表されるので，

$$F = IBab\cos\theta \quad [\text{Nm}] \quad (13.33)$$

となる．ただし，辺ADとBCには長方形枠を広げようとする外向きに電磁力が働く．コイルの巻き数が多いと鎖交磁界が増加するのでトルクが増加する（図13.25）．

13.11 磁界もエネルギーをもっている

静電気の分野で電界が静電エネルギーを蓄えていることを学習した．ここではコイルや永久磁石がつくる磁界とエネルギーについて考えよう．

自己インダクタンスLのコイルに電流Iを流すとコイルには

$$W = \frac{1}{2}LI^2 \quad [\text{J}] \quad (13.34)$$

のエネルギーが蓄積される．コンデンサが静電エネルギーを蓄えることと同じである．無端ソレノイドコイルの場合，自己インダクタンスは式（13.19）で求めたように

$$L = \frac{\mu a^2 N^2}{2R} \quad [\text{H}] \quad (13.35)$$

と表される．コイルの断面積を S として単位体積当りのエネルギー密度をもとめるとコイルの磁路長を l とすると単位長さ当りの磁性体中の磁束密度 B は

$$B = \mu \frac{N}{l} I \quad [\text{T}] \quad (13.36)$$

となる．自己インダクタンスの定義よりコイルの全鎖交磁束から $\Phi = BSN$ を用いると $L = BSN/I$ となり式（13.34）は，$W = 1/2 BSNI$ となる．

コイル内の体積を Sl として単位体積あたりのエネルギーを求めると，

$$w = \frac{W}{Sl} = \frac{BSNI}{2Sl} = \frac{B}{2\mu} \frac{\mu NI}{l} = \frac{B^2}{2\mu} \quad [\text{J/m}^3] \quad (13.37)$$

となる．この関係はコイル内部のエネルギーだけでなく磁界が存在する空間に式（13.37）の密度で磁気エネルギーが蓄えられることを表している．$B = \mu H$ の関係を利用すると

$$\boxed{w = \frac{B^2}{2\mu} = \frac{1}{2}\mu H^2 = \frac{1}{2}BH} \quad (13.38)$$

となる．

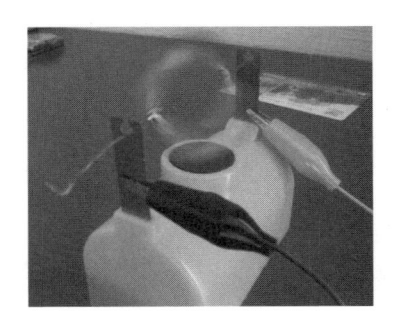

図 13.25 モータの原理が分かる玩具 磁石や導線など身近なものでモータの原理を確認できる．

13.12 磁気的なエネルギーと力の関係

磁石が鉄片を吸い寄せる力を考えよう．このとき鉄片にはどのような力が作用するのだろう．図 13.26 のように鉄片と磁石を考える．磁石からの磁束は広がりがないとすると鉄片と磁石間の磁束密度は一様と考えられる．

前項で学習したように隙間の磁界に蓄えられる磁気エネルギーは，

$$W = \frac{B^2}{2\mu_0} Sx \quad (13.39)$$

となる．磁石と鉄片の間隔を dx だけ大きくしたとすると両者の隙間に蓄えられる磁気エネルギーは

$$dW = \frac{B^2}{2\mu_0} S\, dx \quad (13.40)$$

が増加する．このとき互いに作用する力は仮想仕事の原理より，

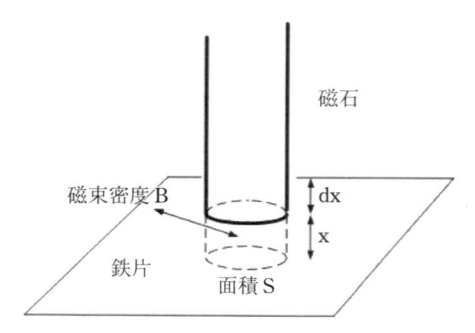

図 13.26 磁石と鉄片に作用する力

$$F = -\frac{dW}{dx} = -\frac{B^2}{2\mu_0}S \tag{13.41}$$

となる．マイナスがついている意味は互いの間に引力が作用することを表している．

13.13 変圧器は磁束の回路だ

家電などでは交流 100 V の電圧を数 10 V に電圧を下げて利用している．このように電圧を調整する役割をする電気機器を変圧器とよぶ．この変圧器は 2 つのコイルの巻き数の比と相互誘導を用いて電圧を変換している（図 13.27）．

図 13.28 のような鉄心（磁性体）に 2 つのコイルを巻いた変圧器のモデルを考えよう．コイル 1 側に電流が流れると鉄心内に磁束ができる．この磁束がコイル 2 に影響を及ぼし相互誘導によりコイル 2 の両端には起電力が生じる．

コイル 1 に電流 I が流れることによりコイル 1 に発生する起電力はコイル 1 の鎖と交わる磁束 ϕ_1 をもちいると，

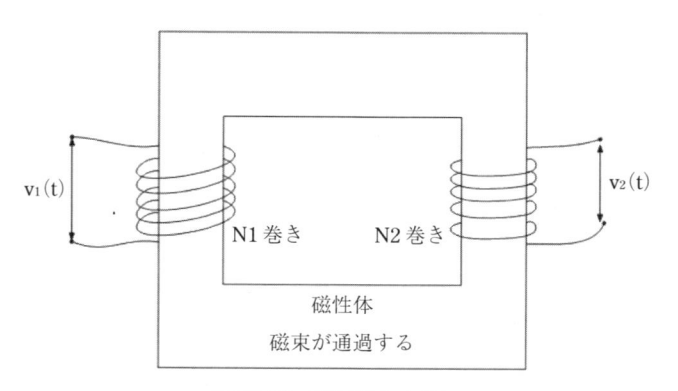

(a) 変圧器の例

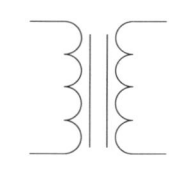

(b) 変圧器の回路記号

図 13.27 変圧器

図 13.28 変圧器のモデル

$$v_1(t) = N_1 \frac{d\Phi_1}{dt} \tag{13.42}$$

コイル 1 の磁束 Φ_1 をもちいるとコイル 2 に発生する起電力は

$$v_2(t) = N_2 \frac{d\Phi_1}{dt} \tag{13.43}$$

となる．2 つのコイルに発生する起電力の比は，

$$\boxed{\frac{v_1(t)}{v_2(t)} = \frac{N_1}{N_2}} \tag{13.44}$$

となり，2 つのコイルの巻き数に比例してコイル 2 の両端に発生する電圧の大きさを設定することができる．コイル 1 からコイル 2 への磁束の漏れがないとすると，コイル 1 側の電磁的なエネルギーがすべてコイル 2 に渡されることになるのでエネルギーの損失はない．

演習問題

13.1 10 cm の距離に互いに平行な 2 本の導線がある．この導線に同じ方向に電流 10 A を流したとき，導線 1 m に働く電磁力の大きさを求めよ．

13.2 5000 A/m の一様な磁界中に 2 m の導線を直角に挿入した．導線に 20 A の電流を流しときこの導線にどれだけの力が加わるか？

13.3 100 回巻きのコイルを通り抜ける磁束が 0.5 秒間に 0〜最大まで変化した．このときコイルに誘起された起電力は 200 V であった．磁束の最大値を求めよ．

13.4 図 13.29 のように間隔 $L=50$ [cm] の平行導線に直角に磁束密度 $B=0.2$ [T] の一様な磁界がある．橋渡しにした導線（移動導線）を平行導線に沿って速度 $v=3$ [m/s] で走らせた．

(1) このとき速度 v で移動導線に発生する起電力の大きさと向きを求めよ．

(2) $R=2\,\Omega$ の抵抗のとき，閉回路に流れる電流の大きさと向きを求めよ．

(3) 導線が 10 秒間移動する際に発生する熱量を求めよ．

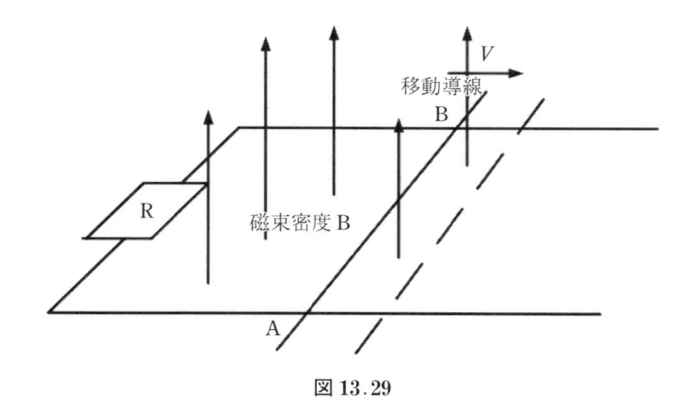

図 13.29

13.5 図 13.30 のように無限に長い直線状導線に電流 I [A] が流れている．方形導線が速度 v [m/s] で移動するとき，この導線枠に流れる電流を求めよ．ただし，導線枠全体の対抗を R [Ω] とする．

図 13.30

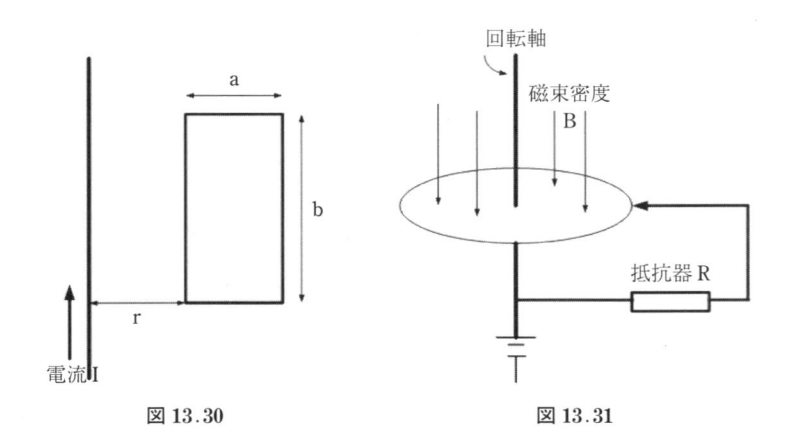

図 13.31

13.6 図 13.31 のように z 方向を向いた一様な磁界（磁束密度 B）の中に，半径 a の円形コイルを x 軸方向の直径を軸として角速度 ω で回転させた．

(1) コイル面内を貫く磁束の時間変化を式で表しなさい．
(2) コイルに生じる起電力 v の変化を求めよ．
(3) コイルの電気抵抗を R とし，コイルに流れる電流 $I[t]$ を求めよ．
(4) 問 3) でコイルに発生するジュール熱を求めよ．

13.7 磁束密度 B の一様な磁界と平行な回転軸の周りに角速度 ω で回転する半径 a の円盤導体がある．これに回転軸にブラシを用いて抵抗 R をつないだ．抵抗 R に流れる電流の大きさを求めよ（図13.32）．

(1) この装置によって起電力が発生することを説明せよ．
(2) 抵抗 R を流れる電流を求めよ．

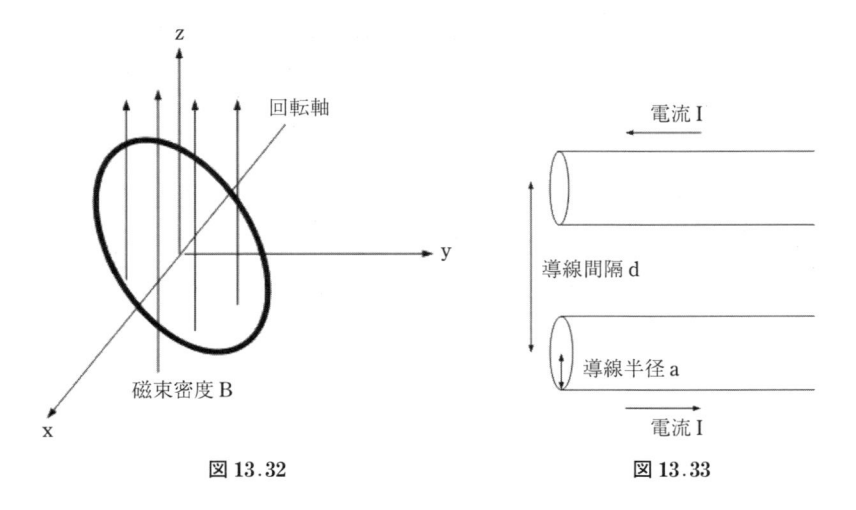

図 13.32

図 13.33

13.8 巻き数 100 のコイルと巻き数 200 の 2 つのコイルがある．それぞれのコイルがつくる磁束のうち，

70 %が他方のコイルに鎖交する．100 回巻きコイルの 5 A の電流を流したときコイルに 2×10^{-3} Wb の磁束を生じた．2 つのコイル間の相互インダクタンスを求めよ．

13.9 コイル A, B がある．コイル A の電流が 1/100 秒間に 5 A 変化した．このときコイル A に 50 V，コイル B に 10 V の起電力が生じた．コイル A の自己インダクタンス，2 つのコイル間の相互インダクタンスを求めよ．

13.10 電流 I が流れる非磁性の円柱ケーブルがある．このケーブルの自己インダクタンスを求めよ．

13.11 電力を伝送する送電線は平行往復導線に逆向きの電流 I を流している線路とみなされる．導線断面の半径 a，導線間隔を d として以下の方法で自己インダクタスを求めよ（**図 13.33**）．

(1) 片方の導線の中心から r 点（平行導線間）の磁束密度を求めよ．
(2) 導線単位長さあたりの導線間を通過する全磁束 $\varPhi$ を求めよ．
(3) この線路 1 m あたりの自己インダクタンスを求めよ．

13.12 環状鉄心に巻き数 400 のコイルが巻いてある．コイルに 50 A の電流を流すとこの装置に電磁エネルギー 500 J が蓄えられた．このとき，コイルの自己インダクタンス，磁束をそれぞれ求めよ．

14
電磁波の正体

われわれはテレビ，携帯電話，衛星放送等の通信手段として電磁波をごく普通に使っている．光は電磁波の一種であり，その伝搬速度は約 3×10^8 m/s であることも知っている．この章ではその電磁波の正体について考えてみよう．

14.1 ファラデーの法則と連続の式からマクスウェルの方程式へ

マクスウェル（Maxwell, James Clerk）イギリスの物理学者．

力学におけるニュートンの法則が機械工学とって重要なように，ここで述べるマクスウェルの法則は電気工学や電子工学にとって極めて重要である．オームの法則やキルヒホッフの法則の段階を通り越して次の段階に進もう．

前章ではコイルに鎖交する磁束の時間変化によってコイルに起電力が生ずること（ファラデーの法則）を学んだ．その概念図を改めて図 14.1 に示す．

図 14.1 中の起電力 V_{ab} は

$$V_{ab} = -\frac{\partial \Phi}{\partial t} \tag{14.1}$$

で表すことができた．Φ はコイル面との鎖交磁束を示す．この式は導線のようなコイルでなくても閉じた空間においても成り立つ．単位面積当りの磁束すなわち磁束密度を $\mathbf{B}$ とし，$d\mathbf{s}$ を微少な ds 部分の面積ベクトルとすれば鎖交磁束 Φ は $d\mathbf{s}$ を貫く正味の磁束であり

$$\Phi = \int \mathbf{B} \cdot d\mathbf{s}$$

で表される．ここで $\mathbf{B} \cdot d\mathbf{s}$ は $\mathbf{B}$ と $d\mathbf{s}$ の内積（スカラー積）であることに注意したい．したがって，V_{ab} を面積積分と時間微分の順序を交換して表せば

$$V_{ab} = -\frac{\partial \Phi}{\partial t} = -\int \frac{\partial \mathbf{B}}{\partial t} \cdot d\mathbf{s} \tag{14.2}$$

となる．また，積分路に沿って発生する電界 $\mathbf{E}$ と微少な長さ $d\mathbf{l}$ を考えると，V_{ab} は

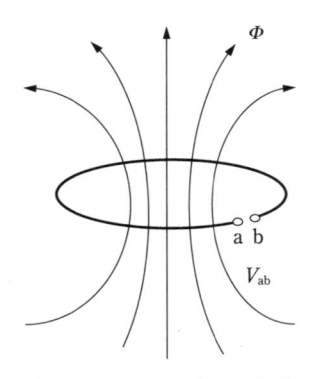

図 14.1 ファラデーの法則

14.1 ファラデーの法則と連続の式からマクスウェルの方程式へ

$$V_{ab} = \oint \mathbf{E} \cdot d\mathbf{l} \tag{14.3}$$

の関係式に等しい．よって式 (14.1) と式 (14.2) およびストークスの定理を用いると

$$\oint \mathbf{E} \cdot d\mathbf{l} = \int -\frac{\partial \mathbf{B}}{\partial t} \cdot d\mathbf{s}$$

$$= \int rot\, \mathbf{E} \cdot d\mathbf{s} \tag{14.4}$$

$$\therefore\quad rot\, \mathbf{E} = \nabla \times \mathbf{E} = -\frac{\partial \mathbf{B}}{\partial t} \tag{14.5}$$

なる関係式を得る．この式は先に述べたファラデーの法則を微分形で示したものに相当しており，空間のあらゆる点で成立することを意味している．

次に電流の連続性について考えよう．図 14.2 のような静電容量 C のコンデンサを充電する電気回路について考える．

この図において，スイッチ SW を閉じてコンデンサに充電する場合，閉局面 S_1 において流入する電流は流出する電流と等しいので連続であるが，閉局面 S_2 においては流入する電流だけで流出電流はない．電流の連続性を示すキルヒホッフの第 1 法則を満足するにはどのように考えたらよいのだろうか？ 閉局面 S_2 からの流入電流により電極部分に電荷が蓄積される．電荷の保存則を考えれば，閉局面から流出する電流は閉局面内の電荷の減少の割合と同じと考えることができる．すなわちこの電流の密度を i，電極間の空間電荷密度を ρ，電束密度（electric displacement または dielectric flux density）を $\mathbf{D}$ とすれば

$$div\, \mathbf{i} = -\frac{\partial \rho}{\partial t} = -div\, \frac{\partial \mathbf{D}}{\partial t} \tag{14.6}$$

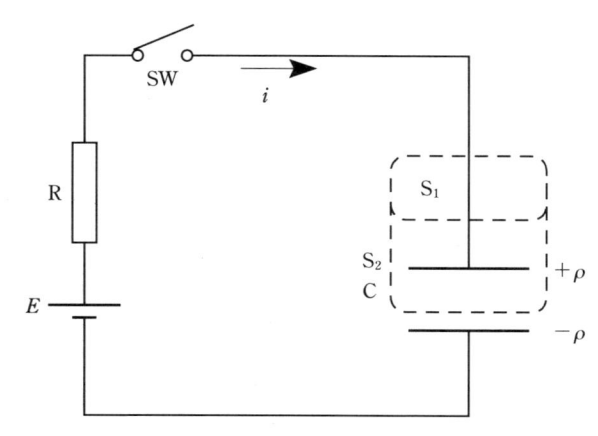

図 14.2 電流の連続性を考える

$$\therefore div\left(\mathbf{i}+\frac{\partial \mathbf{D}}{\partial t}\right)=0 \quad (14.7)$$

が成り立つ．ここで $\mathbf{i}+\partial \mathbf{D}/\partial t$ を $\mathbf{j}$ と書き直せば，図 14.2 のようなコンデンサを含む回路でも $div\,\mathbf{j}=0$ となり，キルヒホッフの第一法則（連続の式）が成り立つ．

上式中に表れた $\partial \mathbf{D}/\partial t$ は $\mathbf{D}$ が電気変位あるいは電束密度であることから変位電流（displacement current）また電束電流とよばれ，変位電流はマクスウェルが電流の連続性を満足するために絶縁体や真空中に流れるものとして導入した一種の電流であり，電荷の移動に伴う伝導電流（conduction current）とは区別される．

われわれは電流と磁界の間に $rot\,\mathbf{H}=\mathbf{i}$ の関係があることはすでに学んだ．この関係を用いて $\mathbf{j}$ を書き直せば前式は

$$rot\,\mathbf{H}=\nabla\times\mathbf{H}=\mathbf{i}+\frac{\partial \mathbf{D}}{\partial t} \quad (14.8)$$

となる．**この式は伝導電流 $\mathbf{i}$ だけでなく，変位電流 $\partial \mathbf{D}/\partial t$ も磁界を発生することを示している．**上式をアンペア・マクスウェルの法則，もしくは拡張されたアンペアの法則とよばれている．ここでは変位電流すなわち電束の時間変化も磁界をつくることを理解してほしい．

改めて式 (14.5)（ファラデーの微分形）と式 (14.8)（アンペール・マクスウェルの法則）を再記しよう．

$$rot\,\mathbf{E}=-\frac{\partial \mathbf{B}}{\partial t} \quad \text{or} \quad \nabla\times\mathbf{E}=-\frac{\partial \mathbf{B}}{\partial t}$$

$$rot\,\mathbf{H}=\mathbf{i}+\frac{\partial \mathbf{D}}{\partial t} \quad \text{or} \quad \nabla\times\mathbf{H}=\mathbf{i}+\frac{\partial \mathbf{D}}{\partial t}$$

これらの式はそれぞれ，

- 磁界（磁場）の時間変化により電界が発生する．
- 電流により磁界（磁場）が発生する．

ことを意味している．

また，われわれは次の式が成り立つことはすでに知っている．

$$div\,\mathbf{B}=0 \quad \text{or} \quad \nabla\cdot\mathbf{B}=0 \quad (14.9)$$

$$div\,\mathbf{D}=\rho \quad \text{or} \quad \nabla\cdot\mathbf{D}=\rho \quad (14.10)$$

これらの一連の式 (14.5)，(14.5)〜(14.10) はマクスウェルの方程式（Maxwell equation）とよばれている．マクスウェルの方程式はそれ以前に発見された現象をまとめたものであり，したがって先に発見された全ての電磁現象は逆にマクスウェルの方程式から導き出すことができる．この事象はヘルツによって実験的に確認された．

1888 年（明治 21 年）ドイツの物理学者**ヘルツ**（Hertz, Heinrich Rudolf）により火花放電の中に電磁波が存在ことを実験的に確認した．その後，1896 年（明治 29 年）にはイタリアの電気工学者**マルコーニ**（Marconi, Guglielmo Marchese）がモールス信号による無線通信に応用している．この通信方法が日本に導入されたのは 1898 年（明治 31 年）である．これが電磁波による通信・情報伝達の夜明けとなった．

14.2 マクスウェルの方程式をもう一度整理してみよう

変位電流の考えを導入することにより電流は連続となることを学んだ．

図 14.3 において導線の部分の電流 i の流入によって，電極部分において電荷の偏り（電界）が生じ，電束 D が変化する．電荷の時間変化は電流であることを考えると，変位電流または電束電流も電流と考えることができる．したがって伝導電流と同じ次元を持ち単位は [A] となる．コンデンサ内ではこの変位電流が流れていると考えてよい．しかし，交流電圧を印加してコンデンサに変位電流を流したとしても磁界の変化はコンデンサの中にとどまり，外部には出てこない．これは図 14.4 に示すようにコンデンサの極板間に生ずる変位電流は極板の周囲のごく一部を除いてどこも均一であり，この変位電流による電界と直角な面内に生ずると考えられる磁界はお互いに相殺されてしまうからである．

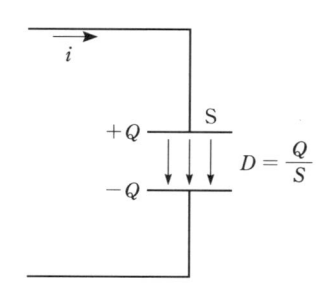

図 14.3 変位電流

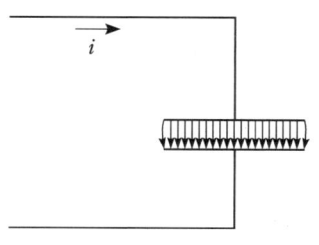

図 14.4 均質な変位電流

これまでに学んできた静電界，静磁界，伝導電流，変位電流をマクスウェルの方程式を用いて扱ってみよう．

(1) 静電界：静磁界では電界，磁界共に時間変化はないのでマクスウェルの方程式は次のように書くことができる．

$$rot\ \mathbf{E}=0 \quad rot\ \mathbf{H}=\mathbf{i} \tag{14.11}$$

(2) 伝導電流：金属中などのように媒質の導電率が非常に大きい場合には後で述べるが伝導電流が変位電流より非常に大きく，変位電流が無視できる．このような空間ではマクスウェルの方程式は次のように書くことができる．

$$rot\ \mathbf{E}=-\frac{\partial \mathbf{B}}{\partial t} \quad rot\ \mathbf{H}=\mathbf{i} \tag{14.12}$$

この連立方程式からは導体内の電磁波を表す方程式が得られる．この方程式は熱伝導，拡散方程式の形式と同じである．後で述べるように導体内において電磁波の減衰は極めて大きい．

(3) 変位電流　逆に導電率が非常に小さい場合には変位電流が伝導電流より非常に大きくなり，伝導電流が無視できるこのような空間ではマクスウェルの方程式は次のようになる．

$$rot\ \mathbf{E}=-\frac{\partial \mathbf{B}}{\partial t} \quad rot\ \mathbf{H}=\frac{\partial \mathbf{D}}{\partial t} \tag{14.13}$$

これらの両方の方程式から後に示すように電磁波を表現する波動方程式（wave equation）を導くことがでる．

14.3 電界と磁界はマクスウェルの基礎方程式で結ばれる

マクスウェルの方程式は媒質に関係なく成立する．ここで真空中や誘電体といった媒質中でのマクスウェルの方程式を考えよう．このような媒質中では伝導電流 $i=0$ と考えてよく，媒質中に流れる電流は変位電流のみであることを意味する．また，空間に電荷は存在しないものとする．

この場合マクスウェルの方程式は

$$rot\ \mathbf{E} = -\frac{\partial \mathbf{B}}{\partial t} \tag{14.14}$$

$$rot\ \mathbf{H} = \frac{\partial \mathbf{D}}{\partial t} \tag{14.15}$$

となる．

また，媒質は等方性であり，透磁率，誘電率をそれぞれ μ, ε とすると式 (14.14) は

$$rot\ \mathbf{E} = -\frac{\partial \mathbf{B}}{\partial t} = -\mu \frac{\partial \mathbf{H}}{\partial t} \tag{14.16}$$

となる．また，式 (14.15) は

$$rot\ \mathbf{H} = \frac{\partial \mathbf{D}}{\partial t} = \varepsilon \frac{\partial \mathbf{E}}{\partial t} \tag{14.17}$$

となる．これらは時間的に変化する磁界または電界によって，直交する電界または磁界が誘起することを意味している．電界と磁界が直交することは後で述べる．このように電磁波は時間と共に変化する電界と磁界が互いに直交しながら媒質内を伝搬する．伝搬の様子を図 14.5 に示す．

波動方程式を求めてみよう．式 (14.16) の両辺の rot をとることにより，次式を得る．

$$\nabla^2 \mathbf{E} = \varepsilon \mu \frac{\partial^2 \mathbf{E}}{\partial t^2} \tag{14.18}$$

上式は電界の波動方程式を示している．同様に，磁界に対しても次式に示すように波動方程式を得る．

式 (14.18)

$$rot\ rot\ \mathbf{E} = -\mu\ rot\ \frac{\partial \mathbf{H}}{\partial t}$$

上式の rot と偏微分を入れ替えて，

$$rot\ rot\ \mathbf{E} = -\mu \frac{\partial}{\partial t}\ rot\ \mathbf{H}$$

を得る．上式に式 (14.17) を代入すれば

$$rot\ rot\ \mathbf{E} = -\varepsilon\mu \frac{\partial^2 \mathbf{E}}{\partial t^2}$$

となる．式 (2.5.30) より $rot\ rot\ \mathbf{E} = grad\ div\ \mathbf{E} - \nabla^2 \mathbf{E}$，電荷 ρ が存在しないので $div\ \mathbf{E} = 0$ となる．したがって

$$\nabla^2 \mathbf{E} = \varepsilon\mu \frac{\partial^2 \mathbf{E}}{\partial t^2}$$

を得る．

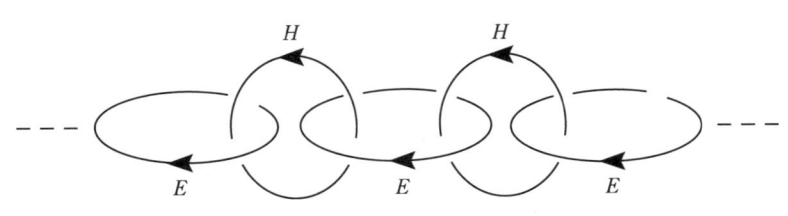

図 14.5 電気波の伝搬

$$\nabla^2 \mathbf{H} = \varepsilon\mu \frac{\partial^2 \mathbf{H}}{\partial t^2} \tag{14.19}$$

これらの波動方程式については後でさらに検討することにしよう．

14.4 だから波なんだ―自由空間における電磁界の波動方程式―

z 方向に伝搬する電磁波に対して垂直な $x-y$ 平面内で電界 $\mathbf{E}$，磁界 $\mathbf{H}$ が一様な平面波（plane wave）を考えよう．この場合，電界は $\partial E_x/\partial x = \partial E_x/\partial y = 0$ であり，磁界は $H_x = 0$, $H_y \neq 0$, $H_z = 0$, $\partial H_x/\partial x = \partial H_x/\partial y = 0$ である．したがって，電界及び磁界の伝搬方向の成分はない．ここで，$\mathbf{i}_x$, $\mathbf{i}_y$, $\mathbf{i}_z$ を x, y, z 方向をあらわす単位ベクトルとして x 方向のみに変化する電界が z 方向に進行する $\mathbf{E} = E_x \cos(\omega t - kz)\mathbf{i}_x$ を仮定する．この電界を式 (14.16) に代入すれば

$$rot\,\mathbf{E} = \begin{vmatrix} \mathbf{i}_x, & \mathbf{i}_y, & \mathbf{i}_z \\ \dfrac{\partial}{\partial x}, & \dfrac{\partial}{\partial y}, & \dfrac{\partial}{\partial z} \\ E_x \cos(\omega t - kx), & 0, & 0 \end{vmatrix} = \mathbf{i}_y \frac{\partial}{\partial x} E_x \cos(\omega t - kz)$$

$$= \mathbf{i}_y k E_x \sin(\omega t - kz) = -\mu \frac{\partial \mathbf{H}}{\partial t}$$

$$\therefore \mathbf{H} = \mathbf{i}_y \frac{k}{\omega\mu} E_0 \cos(\omega t - kz) \tag{14.20}$$

上式で示されるように**電界 E と磁界 H は互いに直交している**ことがわかる．

電界が x 方向のみで変化する $\mathbf{E} = E_x \mathbf{i}_x$ を式 (14.18) に代入し，平面波の条件 $\partial E_x/\partial x = \partial E_x/\partial y = 0$ を適用すれば

$$\frac{\partial^2 E_x}{\partial z^2} = \varepsilon\mu \frac{\partial E_x}{\partial t^2} = \frac{1}{c^2} \frac{\partial^2 E_x}{\partial t^2} \tag{14.21}$$

となり，最も簡単な 1 次元の波動方程式をえる．これは数学的には式 (2.4.10) と同一なものである．ここで $c = \sqrt{1/\varepsilon\mu}$ は波動の伝搬の速さを表す．

式 (14.21) の一般解は任意関数を微分可能な ξ として

$$E_x = \xi_1(z - ct) + \xi_2(z + ct) \tag{14.22}$$

となることが知られている．式 (14.22) において $\xi_1(z - ct)$ の項は c の速度で $+z$ 方向に，$\xi_2(z + ct)$ の項は c の速度で $-z$ 方向に伝搬する波を表している．ここで，$\xi_1(z - ct)$ を進行波（progressive wave または traveling-wave）とすれば，$\xi_2(z + ct)$ は反射波（reflected wave）を示す．このように波動方程式の解は一般に進行波と反射波の和で表されることに注目して欲しい．また**真空中における電**

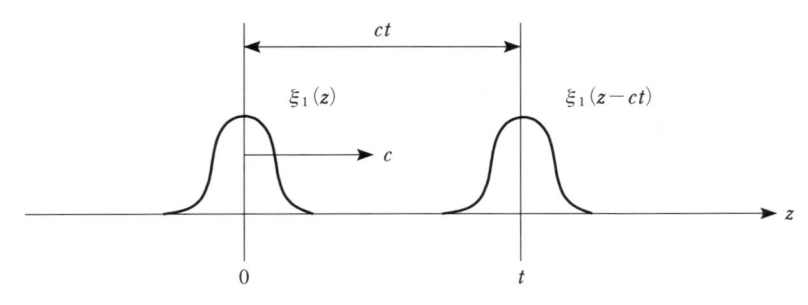

図 14.6 進行波 $\xi_1(z-ct)$ の伝搬の様子

磁波の伝搬速度 c_0 は $c=\sqrt{1/\varepsilon_0\mu_0}\cong 3\times 10^8$ [m/s] である.

図 14.6 に進行波 $\xi_1(z-ct)$ の伝搬の様子を示す.

ここで, 平面波の電界 E_x が角周波数 ω をもった正弦波で変化したときには, 電界 E_x は次式で与えられる.

$$E_x=E_0\cos(kz\mp\omega t)=E_0\cos k\left(z\mp\frac{\omega}{k}t\right) \quad (14.23)$$

式 (14.23) において k は波数 (wave number) を表し, E_0 は振幅 (amplitude) である. k と ω の間には次の関係がある.

$$k=\frac{\omega}{c}=\sqrt{\varepsilon\mu}\,\omega \quad (14.24)$$

式 (14.24) から電界 E_x 空間変化の周期は $2\pi/k$ である.

電界が式 (14.23) で表されるとき磁束密度を求めると

$$B_y=-\int\left(\frac{\partial E_x}{\partial t}\right)dt=\pm\frac{k}{\omega}E_0\cos(kz\mp\omega t)=\pm\sqrt{\varepsilon\mu}\,E_0\cos(kz\mp\omega t) \quad (14.25)$$

で与えられる. 式 (14.25) を次式のように書きあらためると,

$$B_y=B_0\cos(kz-\omega t) \quad (14.26)$$

振幅 B_0 は

$$B_0=\pm\sqrt{\varepsilon\mu}\,E_0=\pm\frac{E_0}{c} \quad (14.27)$$

で与えられる. 上式において＋は $+z$ 方向へ, －は $-z$ 方向へ伝搬する電磁波を示す. $+z$ 方向へ伝搬する電磁波の様子を図 14.7 に示す. 以上の検討から図 14.7 に示すように電界と磁界はお互いに直交して z 方向へ伝搬することがわかる.

電界が正弦波で媒質中を z 方向に伝搬するときの波形を図 14.8 に示す.

図 14.8 において隣り合う波の最大値間の長さ λ は,

$$\lambda=\frac{2\pi}{k}=\frac{c}{f} \quad (14.28)$$

で与えられ, 波長 (wave length) である. また f は周波数である.

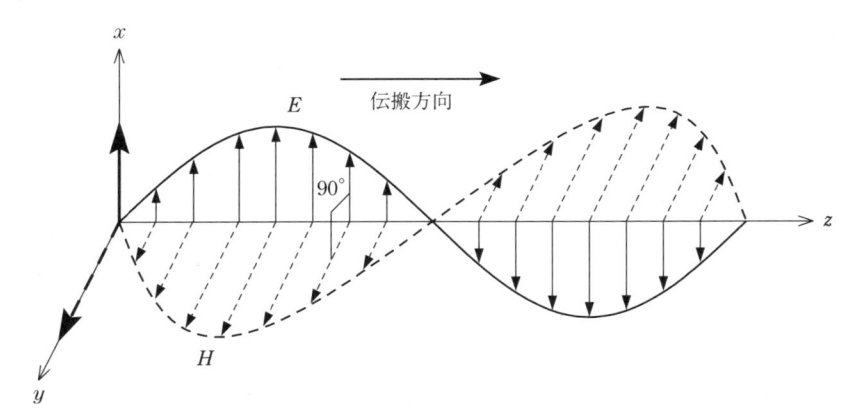

図 14.7 電磁波の伝搬の様子

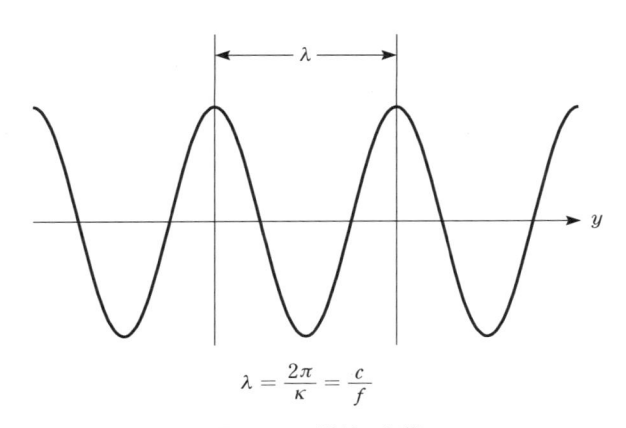

図 14.8 正弦波の伝搬

$$\lambda = \frac{2\pi}{\kappa} = \frac{c}{f}$$

式（14.23）と式（14.25）の比を求めてみよう．

$$\frac{E_y}{B_z} = \frac{E_0}{B_0} = \frac{1}{\sqrt{\varepsilon\mu}} \tag{14.29}$$

であり，$B_z = \mu H_z$ の関係を用いて式（14.29）を書き改めると

$$Z = \frac{E_y}{H_z} = \sqrt{\frac{\mu}{\varepsilon}} \tag{14.30}$$

が得られる．Z の次元はインピーダンスであり，単位は Ω である．Z は媒質の固有インピーダンス（intrinsic impedance），または特性インピーダンス（characteristic impedance）ともよばれている．これは電磁波の伝搬特性において重要な値であり，真空中の固有インピーダンス Z_0 を真空中の誘電率 ε_0，透磁率 μ_0 から求めると

$$Z_0 = \sqrt{\frac{\mu_0}{\varepsilon_0}} = \sqrt{\frac{4\pi \times 10^{-7}}{8.854 \times 10^{-12}}} \cong 377 \cong 120\pi \quad [\Omega] \tag{14.31}$$

を得る．現在，光の速度は非常に精度よく測定されている．それゆえ，特性インピーダンスを $Z_0 = \mu_0 c_0$ から求めてもよい．

電磁波の振動方向は同一面だけであろうか？

位相が $\pi/2$ 異なる2つの波が次のように表されたとする．

$$E_x = E_0 \cos(\omega t - kz)$$
$$E_y = E_0 \cos\left(\omega t - kz - \frac{\pi}{2}\right)$$

任意の面を $Z=0$ とすると

$$E_x = E_0 \cos(\omega t)$$
$$E_y = E_0 \sin(\omega t)$$

となり，2つの波を合成すると，

$$E_x^2 + E_y^2 = E_0^2$$

となり，2つの波を合成すれば円を描く．このような波を円偏波 (circularly polanzed wave) という．図 14.9 に円偏波のベクトル図を示す．

ここで円偏波の場合にベクトル $\mathbf{E}$ が x 軸となす角を α とすると，

$$E_x = E_0 \cos \omega t$$
$$E_y = E_0 \cos\left(\omega t \pm \frac{\pi}{2}\right) \equiv \mp \sin \omega t$$

それゆえ

$$\alpha = \tan^{-1}\frac{E_y}{E_x} = \tan^{-1}\left(\frac{\mp E_0 \sin \omega t}{E_0 \cos \omega t}\right) = \mp \omega t$$

図 14.9 円偏波

となる．位相差が $\pi/2$ のとき z 軸を中心に反時計方向に角速度 ω の一定速度で回転し，$-\pi/2$ の場合には時計方向に回転する．このように円偏波は2つの直線偏波の電磁波で構成されている．また直線偏波の電磁波は2つの円偏波に分解できることがわかる．

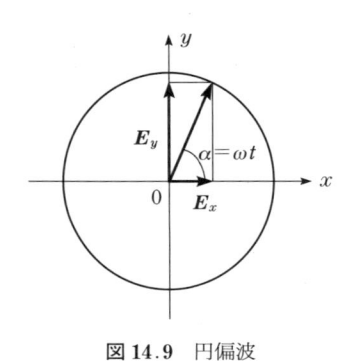

14.5　ポインティングベクトルは電磁波のエネルギーの流れを表す

電磁波によりエネルギーが運ばれることを理解しよう．電界や磁界がエネルギーを蓄えることはすでに学んだ．媒質中において電磁波の電界を $\mathbf{E}$，磁界の磁束密度を $\mathbf{B}$ とするとエネルギー密度 W は

$$W = \frac{1}{2}\varepsilon \mathbf{E}^2 + \frac{1}{2}\frac{\mathbf{B}^2}{\mu} \tag{14.32}$$

与えられる．電界，磁界が電磁波となって伝搬するとともにエネルギーも伝わっていく．このことは太陽から電磁波（赤外線，可視光線など）によってエネルギーが運ばれ，地球上に生命体が存在することを考えれば納得するであろう．ここで電磁波の伝搬方向に垂直な面を単位時間当りに通過するエネルギー S は

$$S = cW = \frac{1}{2}\frac{1}{\sqrt{\varepsilon\mu}}\left(\varepsilon \mathbf{E}^2 + \frac{\mathbf{B}^2}{\mu}\right) \qquad (14.33)$$

となる．

z 軸方向に伝搬する平面電磁波のばあい，電界は $E_x \neq 0$, $E_y = E_z = 0$, $\partial E_x/\partial x = \partial E_x/\partial y = 0$ であり，磁束は $H_x = 0$, $H_y \neq 0$, $H_z = 0$, $\partial H_x/\partial x = \partial H_x/\partial y = 0$ 伝搬方向の成分はない．したがって $\mathbf{E}$ および $\mathbf{B}$ はそれぞれ

$$\mathbf{E} = E_x \mathbf{i}_x + E_y \mathbf{i}_y \qquad \mathbf{B} = B_x \mathbf{i}_x + B_y \mathbf{i}_y$$
$$\therefore \mathbf{E}^2 = E_x^2 + E_y^2 \qquad \mathbf{B}^2 = B_x^2 + B_y^2 \qquad (14.34)$$

また，電界と磁界の関係から

$$B_y = \sqrt{\varepsilon\mu}\, E_x \qquad B_x = -\sqrt{\varepsilon\mu}\, E_y \qquad (14.35)$$

式 (14.35) を用いて式 (14.33) を書き改めると

$$S = cW = \frac{1}{2}\frac{1}{\sqrt{\varepsilon\mu}}\left(\varepsilon(E_x^2 + E_y^2) + \frac{1}{\mu}(B_x^2 + B_y^2)\right)$$
$$= \frac{1}{\mu}(E_x B_y + E_y B_x) = \frac{1}{\mu}(\mathbf{E} \times \mathbf{B})_z \qquad (14.36)$$

となる．ここで $(\mathbf{E} \times \mathbf{B})_z$ は $\mathbf{E}$ と $\mathbf{B}$ のベクトル積の z 成分である．これは単位面積当り z 方向へのエネルギーの流れを表している．ベクトル量として $\mathbf{S}$ を考えると

$$\boxed{\mathbf{S} = \frac{1}{\mu}(\mathbf{E} \times \mathbf{B}) = \mathbf{E} \times \mathbf{H} \quad [\mathrm{W/m^2 = J/m^2 \cdot s}]} \qquad (14.37)$$

と書ける．$\mathbf{S}$ をポインティングベクトル (pointing vector) といいその大きさは式 (14.33) で表される．$\mathbf{S}$ はエネルギーの流れの密度と方向を表している．

z 軸方向に伝搬する電磁波において，電界 $\mathbf{E}$ が y 軸，磁界が z 方向へ向いている場合での $\mathbf{E}, \mathbf{B}, \mathbf{S}$ の関係を図 14.10 に示す．

媒質中を伝搬する電界の大きさ E_0 をもつ電磁波が運ぶエネルギーの密度は

$$S = \frac{1}{\mu}E_x B_y = \sqrt{\frac{\varepsilon}{\mu}} E_x^2 = \frac{E_x^2}{Z} \qquad (14.38)$$

となる．

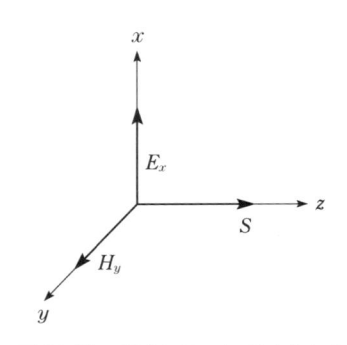

図 14.10 ポインティングベクトル

演習問題

14.1 等方媒質におけるマクスウェルの方程式を用いて磁界 $\mathbf{H}$ が満足する波動方程式を導け．ここで，電荷はないものとする．媒質の誘電率，透磁率を e, m とする．

14.2 マクスウェルの方程式が

$$rot\ \mathbf{H} = \sigma\mathbf{E} + \varepsilon\frac{\partial \mathbf{E}}{\partial t} \tag{14.39}$$

$$rot\ \mathbf{E} = -\mu\frac{\partial \mathbf{H}}{\partial t} \tag{14.40}$$

$$div\ \mathbf{E} = 0, \quad div\ \mathbf{H} = 0 \tag{14.41}$$

で与えられたときの波動方程式を求めよ．

σ は導電率，ε は誘電率，μ は透磁率である．

14.3 シリコンの 300 K における抵抗率は $\rho=2.3\times10^3$ [Ωm]，比誘電率は $\varepsilon_r=11.7$ とする．この試料に $E=E_0 e^{j\omega t}$ の電磁波が照射されたとき，伝導電流と変位電流が同じになる周波数を求めよ．

14.4 均質な空気中を z 方向に進む平面電磁波 $E_x=E_0 e^{j(\omega t - k_0 z)}$ [V/m] がある．z 方向に単位面積を流れる電力 P を求めよ．

空気中の透磁率および誘電率はそれぞれ μ_0，ε_0 である．

平面電磁波であるので $E_y=0$，$E_z=0$，$H_x=0$，$H_z=0$ である．

15 電磁波の諸性質

第 14 章では電磁波の正体について学んだ．われわれは電磁波が異なる媒質に入射した場合，境界において電磁波の反射や屈折が起こることは鏡やレンズを通して普通に体験しており，きわめて身近な現象である．これらの現象はどのように扱ったらよいのであろうか？

15.1 身近な現象―反射・透過・屈折―

図 15.1 に示すように真空中を x 方向に伝搬する平面電磁波を考える．簡単のため図に示すように電界，磁界は x のみに依存する関数であり，yz 面内において一様である．電界は y 成分のみをもつものとする．

真空中において伝導電流はないと仮定して，波動方程式を求めると

$$\frac{\partial^2 E_y}{\partial x^2} = \varepsilon_0 \mu_0 \frac{\partial^2 E_y}{\partial t^2} \tag{15.1}$$

ここで，E_y が正弦波 $e^{j\omega t}$ で変化するとすれば上式は次式で示すように変形できる．

$$\frac{d^2 E_y}{dx^2} + \omega^2 \varepsilon_0 \mu_0 E_y = 0 \tag{15.2}$$

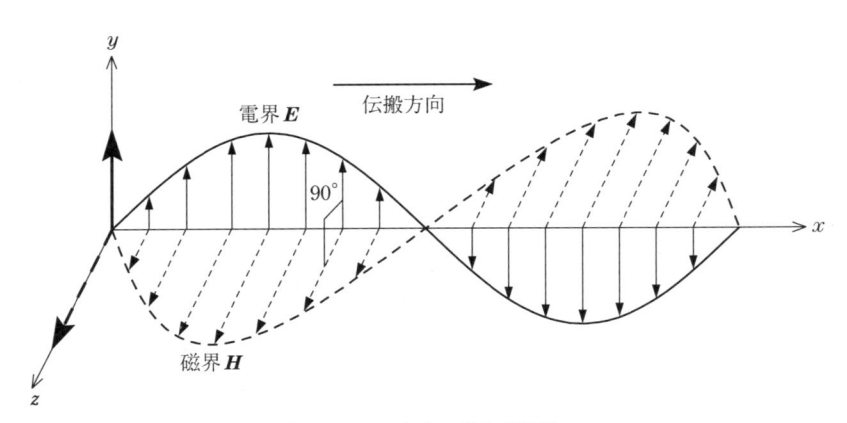

図 15.1　x 方向に進む平面波

上式の一般解は

$$E_y = Ae^{-j(\omega\sqrt{\varepsilon_0\mu_0}x+\omega t)} + Be^{j(\omega\sqrt{\varepsilon_0\mu_0}x+\omega t)} \quad (15.3)$$

となる．上式の第1項が進行波で，第2項が反射波である．簡単に表示するため ωt を省略して

$$E_a = Ae^{-j\omega\sqrt{\varepsilon_0\mu_0}x} + Be^{j\omega\sqrt{\varepsilon_0\mu_0}x} = Ae^{-jk_0x} + Be^{jk_0x} \quad (15.4)$$

とする．ここでの j は虚数を表し $\sqrt{-1}$ である．ε_0, μ_0 はそれぞれ真空中の誘電率および透磁率である．

15.1.1　電磁波が完全導体に垂直に入射する場合

　これは鏡で自分自身を見る場合に相当する．図15.2に示すように損失のない媒質0（真空）から媒質1（完全導体）が $x=0$ で接している．境界に平面電磁波が入力する場合を考える．完全導体の場合には抵抗は0であり，完全導体に入射した場合，電界の接戦成分は導体表面において0になる必要がある．

入射波の電界は次式で表されると仮定する．

$$E_y^{in} = E_0 e^{-jk_0 x} \quad (15.5)$$

E_0 は電界の振幅である．この式から磁界は次式で与えられる．

$$H_z^{in} = \frac{k_0}{\omega\mu_0} E_0 e^{-jk_0 x} = \frac{1}{Z_0} E_0 e^{-jk_0 x} \quad (15.6)$$

$Z_0 = \sqrt{\mu_0/\varepsilon_0}$ は真空の特性インピーダンスである．
境界条件は導体表面 $x=0$ において電界の接線成分 $E_y = 0$ であり，

$$E_y = E_0 + E_0^{ref} = 0$$

$$\therefore E_0^{ref} = -E_0$$

を得る．E_0^{ref} は反射波の振幅を示し，反射波は次のように表される．

$$E_y^{ref} = -E_0 e^{jk_0 x} \quad (15.7)$$

$$H_y^{ref} = -\frac{1}{Z_0} E_0 e^{jk_0 x} \quad (15.8)$$

このことは金属表面で進行波と反射が加えられて，0になると考えられる．ここで，電界の入射波と反射波の振幅の比すなわち反射係数 R は

$$\boxed{R = \frac{|E_y^{in}|}{|E_y^{ref}|} = \frac{E_0}{-E_0} = -1} \quad (15.9)$$

となる．また，負号は振動面が $180°$（$=\pi$ rad）だけ回転することを意味している．

このように電界成分が y 方向のみに成分を持つ波をE偏波（E polarized wave），また y 方向のみに磁界を持つ波をH偏波（H polarized wave）という．

連続を電磁波で考えると媒質0での電磁波，媒質1での電磁波が境界において同じ値であることを示す．

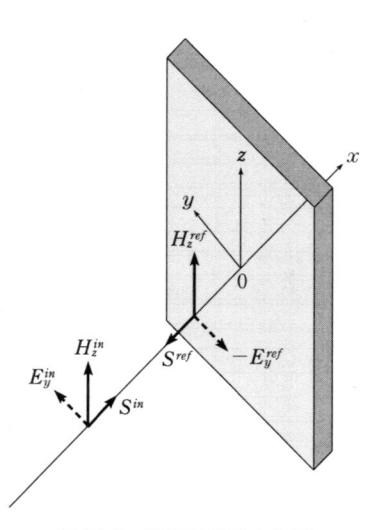

図15.2　平面電磁波の入射

15.1.2 誘電体媒質への平面電磁波の垂直入射

損失のない均質な媒質 0（真空）と媒質 1（誘電体）が $x=0$ で接している．境界に平面電磁波が垂直に入射した場合を考えよう．ここで，誘電体は比透磁率（$\mu_r=1$）および比誘電率（ε_r）を持つものとする．図 15.3 に示すように電磁波の入射は y 方向の方向のみに電界成分を持つとする．

図 15.3 に示されるように入射波の一部は反射し，一部は透過する．入射波，反射波および透過波は次のように表される．

$$\text{入射波} \quad \left.\begin{aligned} E_y^{in} &= E_0 e^{-jk_0 x} \\ H_z^{in} &= \frac{E_0}{Z_0} e^{-jk_0 x} \end{aligned}\right\} \tag{15.10}$$

$$\text{反射波} \quad \left.\begin{aligned} E_y^{ref} &= E_{ref} e^{jk_0 x} \\ H_z^{ref} &= -\frac{E_{ref}}{Z_0} e^{-jk_0 x} \end{aligned}\right\} \tag{15.11}$$

$$\text{透過波} \quad \left.\begin{aligned} E_y^{trans} &= E_{trans} e^{-jk_1 x} \\ H_z^{trans} &= \frac{E_{trans}}{Z_1} e^{-jk_1 x} \end{aligned}\right\} \tag{15.12}$$

式（15.10）～式（15.12）において E_0, E_{ref}, E_{trans} はそれぞれ電界の入射波，反射波，透過波の振幅を表す．Z_1 は媒質 1 の特性インピーダンスであり，次のようになる．

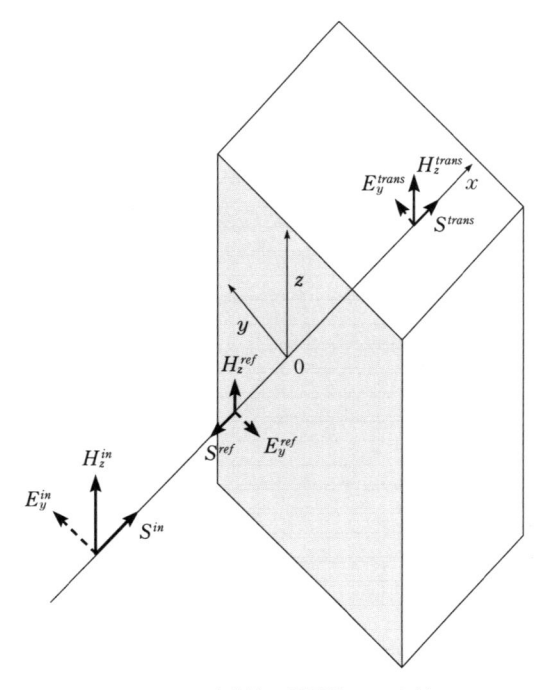

図 15.3 電磁波の誘電体への入射

$$Z_1=\sqrt{\frac{\mu}{\varepsilon}}=\sqrt{\frac{\mu_0}{\varepsilon_r\varepsilon_0}}=Z_0\frac{1}{\sqrt{\varepsilon_r}} \qquad (15.13)$$

ここで，誘電体表面 $x=0$ における境界条件は電界と磁界の媒質1表面における接線成分は等しいことを考えれば，境界条件は次式のように与えられる．

$$\left.\begin{array}{l}E_y^{in}+E_y^{ref}=E_y^{trans}\\H_z^{in}+H_z^{ref}=H_z^{trans}\end{array}\right\} \qquad (15.14)$$

式 (15.10)〜式 (15.12) において $x=0$ とし，式 (15.14) に代入すると

$$\begin{array}{l}E_{ref}=\dfrac{Z_1-Z_0}{Z_1+Z_0}E_0\equiv RE_0\\[1em] E_{trans}=\dfrac{2Z_1}{Z_1+Z_0}E_0\equiv TE_0\end{array} \qquad (15.15)$$

を得る．R と T をそれぞれ反射係数（reflection coefficient），透過係数（transmission coefficient）と定義する．

15.2.3 誘電体媒質への平面波の斜め入射

損失のない媒質0（真空）と媒質1（誘電体 比誘電率 ε_r）が接している境界に平面電磁波が照射された場合の反射と透過を考えよう．図 15.4 に示されるように媒質1の表面 $x=0$ とし，媒質の表面が $y-z$ 平面とする．

平面電磁波の入射は z 方向のみに磁界をもった波とする．図 15.4 に示されるように電界は y 成分を持ち，x 軸の負の方向から入射角 θ_0 で入射されるものとする．照射された一部は反射角 θ_0' で反射する．反射の法則（law of reflection）を考えれば $\theta_0=\theta_0'$ である．残りは媒質1へ角度 θ_1 で侵入するものとする．角度は図 15.4 に示すように境界面の法線からの角度である．このとき入射波，反射波，透過波の電界は次のように与えられる．

入射波　　$E_y^{in}=E_{in}e^{-jk_0x\cos\theta_0-jk_0z\sin\theta_0}$ （15.16）

反射波　　$E_y^{ref}=E_{ref}e^{jk_0x\cos\theta_0-jk_0z\sin\theta_0}$ （15.17）

透過波　　$E_y^{trans}=E_{trans}e^{-jk_1x\cos\theta_1-jk_1z\sin\theta_1}$ （15.18）

ここで，$k_0=\omega\sqrt{\varepsilon_0\mu_0}$，$k_1=\omega\sqrt{\varepsilon_1\mu_1}$，$E_{in}$，$E_{ref}$，$E_{trans}$ は電界の振幅である．

ここで，$x=0$ すなわち媒質1の表面では電界の接線成分は等しいという境界条件を考える．

$$E_y^{in}+E_y^{ref}=E_y^{trans} \qquad (15.19)$$

となる．それゆえに

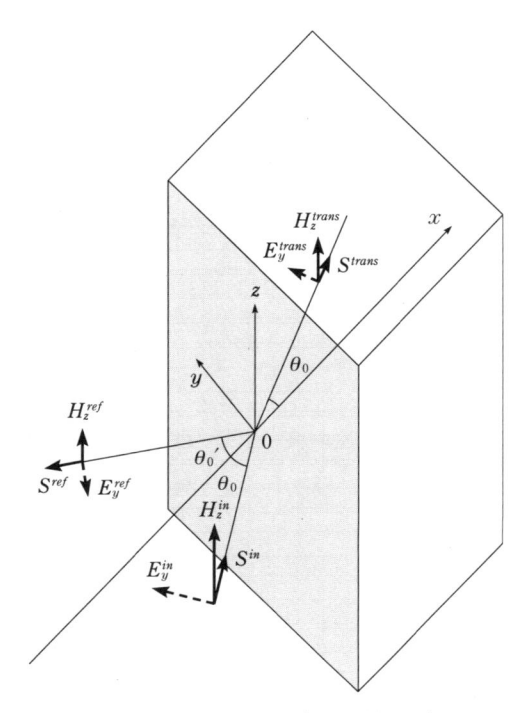

図15.4 電磁波の誘電体への斜め入射

$$E_{in} + E_{ref} = E_{trans} \tag{15.20}$$

となる．したがって，

$$E_{in}e^{-jk_0 z \sin\theta_0} + E_{ref}e^{-jk_0 z \sin\theta_0} = E_{trans}e^{-jk_1 z \sin\theta_1}$$

が得られる．

この条件が常に成立するためには e の指数部がすべて等しい必要がある．

$$jk_0 z \sin\theta = jk_1 z \sin\theta_1$$

$$\therefore k_0 \sin\theta = k_1 \sin\theta_1 \tag{15.21}$$

$$\therefore \frac{\sin\theta_1}{\sin\theta_0} = \frac{k_0}{k_1} = \sqrt{\frac{\varepsilon_0 \mu_0}{\varepsilon_1 \mu_1}} = \frac{c_1}{c_0} = \frac{1}{\sqrt{\varepsilon_r}} = n \tag{15.22}$$

式 (15.22) は屈折の法則 (law of refraction) の法則とよばれている．屈折の法則はスネルの法則 (Snell's law) ともよばれている．式 (15.22) において c_0, c_1 はそれぞれの電磁波の伝搬の速度であり，n は屈折率 (index of refraction または rotraction index) とよばれている．

式 (15.22) から媒質1中の電磁波の伝搬速度 c_1 は

$$c_1 = \frac{c_0}{\sqrt{\varepsilon_r}} \tag{15.23}$$

となる．一般に誘電体の比誘電率は1以上であり，上式は誘電体中において電磁波の伝搬速度は真空中と比較して遅くなることを示している．

電磁波の電界の反射率 R_E，透過率 T_E を求めよう．

入射波の電界が式 (15.16) で与えられる．したがって，H_x^{in}, H_z^{in} は次のようになる．

$$\left.\begin{aligned} H_x^{in} &= -\frac{k_0}{\omega\mu_0}\sin\theta_0 E_{in} e^{-jk_0 x\cos\theta_0 - jk_0 z\sin\theta_0} \\ H_z^{in} &= \frac{k_0}{\omega\mu_0}\cos\theta_0 E_{in} e^{-jk_0 x\cos\theta_0 - jk_0 z\sin\theta_0} \end{aligned}\right\} \quad (15.24)$$

また，反射波 H_x^{ref}, H_z^{ref} は次のようになる．

$$\left.\begin{aligned} H_x^{ref} &= -\frac{k_0}{\omega\mu_0}\sin\theta_0 E_{ref} e^{jk_0 x\cos\theta_0 - jk_0 z\sin\theta_0} \\ H_z^{ref} &= -\frac{k_0}{\omega\mu_0}\cos\theta_0 E_{ref} e^{jk_0 x\cos\theta_0 - jk_0 z\sin\theta_0} \end{aligned}\right\} \quad (15.25)$$

透過波についても同様に H_x^{trans}, H_z^{trans} 次のようになる

$$\left.\begin{aligned} H_x^{trans} &= -\frac{k_1}{\omega\mu_1}\sin\theta_1 E_{trans} e^{-jk_1 x\cos\theta_1 - jk_1 z\sin\theta_1} \\ H_z^{trans} &= \frac{k_1}{\omega\mu_1}\cos\theta_1 E_{trans} e^{-jk_1 x\cos\theta_1 - jk_1 z\sin\theta_1} \end{aligned}\right\} \quad (15.26)$$

$x=0$, $y=0$, $z=0$ における境界条件から

$$\left.\begin{aligned} E_y^{in} + E_y^{ref} &= E_y^{trans} \\ H_z^{in} + H_z^{ref} &= H_z^{trans} \end{aligned}\right\} \quad (15.27)$$

を満足する必要がある．それゆえ

$$\left.\begin{aligned} E_{in} + E_{ref} &= E_{trans} \\ \frac{k_0}{\omega\mu_0}\cos\theta_0 E_{in} - \frac{k_0}{\omega\mu_0}\cos\theta_0 E_{ref} &= \frac{k_1}{\omega\mu_1}\cos\theta_1 E_{trans} \end{aligned}\right\} \quad (15.28)$$

となる．$k_0 = \omega\sqrt{\varepsilon_0\mu_0}$, $k_1 = \omega\sqrt{\varepsilon_1\mu_1}$ 与えられるから，電界の反射率 R_E，透過率 T_E は次のようになる．

$$\boxed{\begin{aligned} R_E &= \frac{E_{ref}}{E_{in}} = \frac{\sqrt{\frac{\varepsilon_0}{\mu_0}}\cos\theta_0 - \sqrt{\frac{\varepsilon_1}{\mu_1}}\cos\theta_1}{\sqrt{\frac{\varepsilon_0}{\mu_0}}\cos\theta_0 + \sqrt{\frac{\varepsilon_1}{\mu_1}}\cos\theta_1} \\ &= \frac{Z_1\cos\theta_0 - Z_0\cos\theta_1}{Z_1\cos\theta_0 + Z_0\cos\theta_1} \\ T_E &= \frac{E_{trans}}{E_{in}} = \frac{2\sqrt{\frac{\varepsilon_0}{\mu_0}}\cos\theta_0}{\sqrt{\frac{\varepsilon_0}{\mu_0}}\cos\theta_0 + \sqrt{\frac{\varepsilon_1}{\mu_1}}\cos\theta_1} \end{aligned}}$$

$$= \frac{2Z_1 \cos \theta_0}{Z_1 \cos \theta_0 + Z_0 \cos \theta_1}$$

(15.29)

となる．

15.2 導体内では電磁波の存在は難しい―表皮効果―

15.2.1 導体内でのマクスウェルの方程式

導体内を伝搬する電磁波が満たす条件を考えよう．導体内において導電率 σ は非常に大きく，流れる電流は伝導電流が大きく，変位電流は無視できるほど小さいと考えられる．したがって，電荷が存在しないと考えたときのマクスウェルの方程式は

$$rot\,\mathbf{E} = -\frac{\partial \mathbf{B}}{\partial t} \tag{15.30}$$

$$rot\,\mathbf{H} = \mathbf{i} \tag{15.31}$$

$$div\,\mathbf{D} = 0, \quad div\,\mathbf{B} = 0 \tag{15.32}$$

式（15.30）の両辺の rot をとり，電荷の存在しない条件を考慮すると，

$$\nabla^2 \mathbf{E} = \mu\sigma \frac{\partial \mathbf{E}}{\partial t} \tag{15.33}$$

を得る．

この形の偏微分方程式は拡散方程式（diffusion equation）とよばれ，熱伝導方程式（equation of heat conduction）と同じ形である．一般にこの形の方程式の減衰定数は非常に大きな値をとる．次節を参照してほしい．

15.2.2 導体内での電磁波の伝搬

一般に導体内での電磁波の伝搬は3次元で考えなければならないが，簡単のため一次元のみの伝搬を考える．電界は y 成分のみを持ち，x 方向へ伝搬する平面電磁波を考える．ここで導体は非常に厚く導体内を伝搬する進行波は消滅し，反射波はないものとする．

電界の伝搬方程式は式（15.33）より

$$\frac{\partial^2 E_y}{\partial x^2} = \mu\sigma \frac{\partial E_y}{\partial t} \tag{15.34}$$

ここで E_y が正弦波で変化する（$E_y = E_0 e^{j\omega t}$）と仮定すると，

$$\frac{d^2 E_y}{dx^2} = j\omega\mu\sigma E_y \tag{15.35}$$

式（15.33）は熱伝導方程式と同じであるので太陽による地球の周期的加熱を考える．
日本において太陽によって1年の周期で加熱されているが，表面温度の変化が伝わる深さは約 16 [m] である．このように1年周期で考えても温度の変化の範囲は狭く，減衰定数は大きい．このことは電磁波においても同様と考えられる．

$$\therefore \frac{d^2 E_y}{dx^2} - \alpha^2 E_y = 0 \tag{15.36}$$

ただし，$\alpha^2 = j\omega\mu k$ である．

$$\boxed{\alpha = \sqrt{j\omega\mu\sigma} = (1+j)\sqrt{\frac{\omega\mu\sigma}{2}} = (1+j)/\delta} \tag{15.37}$$

式（15.36）の一般解は次のように与えられる．

$$E_y(x) = Ae^{-\alpha x} + Be^{\alpha x} \tag{15.38}$$

式（15.38）において第1項が進行波で，第2項が反射波を示す．ここで，導体が非常に厚いと考えているので反射波は無視してよい．したがって，式（15.38）は次のように書くことができる．

$$E_y(x) = Ae^{-\alpha x}$$

媒質1の表面（$x=0$）での電界を E_0 とすると，

$$E_y(x) = E_0 e^{-\alpha x} = E_0 e^{-((1+j)/\delta)x} = E_0 e^{-x/\delta} e^{-jx/\delta} \tag{15.39}$$

を得る．ここで $e^{-x/\delta}$ は電磁波の減衰を表し，$e^{-jx/\delta}$ は位相を表す．**x が δ と同じ深さになると，電界の振幅が表面における電界の $1/e$ に減衰することを示している．** この δ を表皮の厚さ（skin depth）または侵入の深さ（depth of penetration）といい，この現象を表皮効果（skin effect）という．式（15.37）より d は周波数にも依存することに注意しておきたい．導体中において電磁波は非常に大きな減衰定数を持った波で，その伝搬の深さは非常に浅い（演習問題15.4参照）．

いま，図15.5のように導体表面から δ の幅を y 方向に単位長さの立体を考える．

固有抵抗は $1/\sigma$ であるので，抵抗 R_e は

$$R_e = \frac{1}{\sigma\delta} = \sqrt{\frac{\omega\mu}{2\sigma}} \tag{15.40}$$

を得る．この R_e を表皮抵抗（skin resistance）とよぶ．

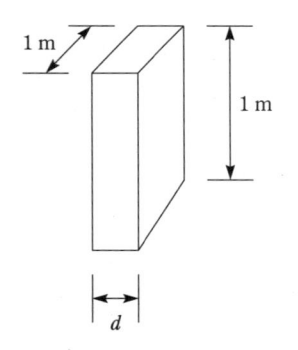

図 15.5 表皮抵抗

15.3 電磁波だって伝わるのには時間が必要だ―遅延ポテンシャル―

電磁波の伝搬について考えよう．電磁波は厳密には瞬時に伝わるのではなく遅れて伝わる．その遅れについて考えよう．

15.3.1 ポテンシャルによる表現

マクスウェルの方程式を再記しよう．

$$rot\,\mathbf{E} = -\frac{\partial \mathbf{B}}{\partial t} \tag{15.41}$$

$$rot\ \mathbf{H} = \mathbf{i} + \frac{\partial \mathbf{D}}{\partial t} \qquad (15.42)$$

$$div\ \mathbf{D} = \rho \qquad (15.43)$$

$$div\ \mathbf{B} = 0 \qquad (15.44)$$

磁界の有無にかかわらず，静電界における電位のような量を導入すれば簡単になる．

磁界の場合，電流の存在にかかわらずに成立する式は式（15.44）で，

$$div\ \mathbf{B} = 0$$

である．ここで，式（11.19）で導入したベクトル $\mathbf{A}$ を用いることにしよう．

$$\mathbf{B} = rot\ \mathbf{A} \qquad (15.45)$$

ここで，$div\ rot\ \mathbf{A} = 0$ となることは式（2.5.y.2）に示されている．したがって式（15.45）を満足させるベクトル $\mathbf{A}$ を導入すれば式（15.44）は満足されるはずである．この $\mathbf{A}$ をベクトルポテンシャル（vector potential）とよんだ．

式（15.45）を式（15.41）に代入すると

$$rot\ \mathbf{E} = -\frac{\partial}{\partial t} rot\ \mathbf{A} = -rot\ \frac{\partial \mathbf{A}}{\partial t}$$

$$\therefore rot\left(\mathbf{E} + \frac{\partial \mathbf{A}}{\partial t}\right) = 0$$

となる．このようにポテンシャルをもつベクトルの回転は 0 であるので，スカラーポテンシャルを φ とすれば，

$$\mathbf{E} + \frac{\partial \mathbf{A}}{\partial t} = -grad\ \varphi$$

$$\therefore \mathbf{E} = -\frac{\partial \mathbf{A}}{\partial t} - grad\ \varphi \qquad (15.46)$$

と書ける．ここで，電界に対する電位 V は無限大の場所を 0 と置いて一義的に決まったが，$\mathbf{A}$ は一義的には決まらずに $grad\ \phi$ だけの任意性がある．ここで，$\mathbf{A}' = \mathbf{A} - grad\ \phi$ を考えてみよう．ここで，ベクトルの公式（2.5.y.1）を参照すれば

$$rot\ \mathbf{A}' = rot(\mathbf{A} - grad\ \phi) = rot\ \mathbf{A} - rot\ grad\ \phi = rot\ \mathbf{A} = \mathbf{B}$$
$$(15.47)$$

となり，$\mathbf{A}'$ もベクトルポテンシャルである．$\mathbf{A}'$ に対して φ' を考慮すれば同様に φ' もスカラーポテンシャルとなり，

$$-\frac{\partial \mathbf{A}'}{\partial t} - grad\ \varphi' = -\frac{\partial \mathbf{A}}{\partial t} - grad\ \varphi = \mathbf{E} \qquad (15.48)$$

となる．このことは $(\mathbf{A}, \varphi)$ から $(\mathbf{A}', \varphi')$ への置換を表している．

例えばポテンシャルを電位 V と考え，電界を $\mathbf{E}$ とすると電界は電位の傾きであるので $\mathbf{E} = -grad\ V = -\nabla V$ となる．したがって，$rot\ \mathbf{E} = rot(-grad\ V) = \nabla \times (-\nabla V) = 0$．

ここで，式 (15.46)，式 (15.48) から置換を行っても $\mathbf{E}$, $\mathbf{B}$ は不変である．

式 (15.45) と上式をマクスウェルの方程式 (15.42) に代入することによって，

$$rot\ rot\ \mathbf{A} = \mu_0 \mathbf{i} - \varepsilon_0 \mu_0 \left(\frac{\partial^2 \mathbf{A}}{\partial t^2} + grad \frac{\partial \varphi}{\partial t} \right) \quad (15.49)$$

ここで，式 (2.5.y.3) ($rot\ rot\ \mathbf{A} = grad\ div\ \mathbf{A} - \nabla^2 \mathbf{A}$) を用いると，上式は次のように書き改めることができる．

$$grad\ div\ \mathbf{A} - \nabla^2 \mathbf{A} = \mu_0 \mathbf{i} - \varepsilon_0 \mu_0 \left(\frac{\partial^2 \mathbf{A}}{\partial t^2} + grad \frac{\partial \varphi}{\partial t} \right)$$

$$\therefore \nabla^2 \mathbf{A} - \varepsilon_0 \mu_0 \frac{\partial^2 \mathbf{A}}{\partial t^2} = -\mu_0 \mathbf{i} + grad \left(div\ \mathbf{A} + \varepsilon_0 \mu_0 \frac{\partial \varphi}{\partial t} \right)$$

$$(15.50)$$

式 (15.43) と式 (15.46) から

$$div \left(\frac{\partial \mathbf{A}}{\partial t} + grad\ \varphi \right) = -\frac{\rho}{\varepsilon_0}$$

$$\therefore \nabla^2 \varphi + \frac{\partial}{\partial t} div\ \mathbf{A} = -\frac{\rho}{\varepsilon_0}$$

となる．ここで $div\ \mathbf{A} + \varepsilon_0 \mu_0 \frac{\partial \varphi}{\partial t} = 0$（ローレンツの条件（Lorentz condition））とすると

$$\left. \begin{array}{l} \nabla^2 \mathbf{A} - \varepsilon_0 \mu_0 \dfrac{\partial^2 \mathbf{A}}{\partial t^2} = -\mu_0 \mathbf{i} \\[2mm] \nabla^2 \varphi - \varepsilon_0 \mu_0 \dfrac{\partial^2 \varphi}{\partial t^2} = -\dfrac{\rho}{\varepsilon_0} \end{array} \right. \quad (15.51)$$

を得る．これらの式は静電界，静磁界におけるポアソンの方程式に対応している．あるいは時間変化を伴う場合に拡張した式ということができる．上式を用いて求められた $\mathbf{A}$, φ の中でローレンツの条件に当てはまる解を選び，式 (15.45)，式 (15.46) に代入することで磁界 $\mathbf{H}$ および電界 $\mathbf{E}$ を求めることができる．これがマックスウェル方程式のポテンシャルによる表現である．

15.3.2 遅延ポテンシャル

電磁波が正弦波で変化する（$e^{j\omega t}$）場合を考える．式 (15.51) は

$$\left. \begin{array}{l} \nabla^2 \mathbf{A} - k_0^2 \mathbf{A} = -\mu_0 \mathbf{i} \\[2mm] \nabla^2 \varphi - k_0^2 \varphi = -\dfrac{\rho}{\varepsilon_0} \end{array} \right\} \quad (15.52)$$

となる．ただし，$k_0^2 = \omega^2 \mu_0 \varepsilon_0$ とした．また，ローレンツの条件をもちいると電界 $\mathbf{E}$（式 (15.46)）と磁界 $\mathbf{H}$（式 (15.45)）はそれぞれ

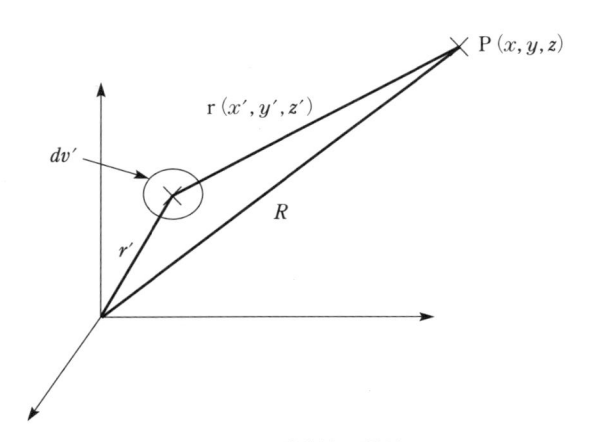

図 15.6 電磁波の遅延

次のようになる．

$$\left.\begin{array}{l}\mathbf{E}=-j\omega\mathbf{A}+\dfrac{1}{j\omega\varepsilon_0\mu_0}\,grad\ div\ \mathbf{A}\\[6pt]\mathbf{H}=\dfrac{1}{\mu_0}\,rot\ \mathbf{A}\end{array}\right\} \quad (15.53)$$

いま，図 15.6 に示すように波の発生源を ρ の位置 (x',y',z') としたとき，点 $P(x,y,z)$ において変化は瞬時にして伝わるのでなく，発生からある時間が経過してから変化が起こる．

式 (15.52) は数学的にはヘルムホルツの方程式であり，$dv'=dx'dy'dz'$，V を発生源の存在する範囲として式 (15.52) の積分解は次のように与えられる．

$$\left.\begin{array}{l}A=\dfrac{\mu_0}{4\pi}\displaystyle\int_V\dfrac{\boldsymbol{i}e^{j\omega(t-R/c_0)}}{R}dv'\\[8pt]\varphi=\dfrac{1}{4\pi\varepsilon_0}\displaystyle\int_V\dfrac{\rho e^{j\omega(t-R/c_0)}}{R}dv'\end{array}\right\} \quad (15.54)$$

ただし，$R=|\boldsymbol{r}-\boldsymbol{r}'|=\sqrt{(x-x')^2+(y-y')^2+(z-z')^2}$，$k_0=\omega\sqrt{\varepsilon_0\mu_0}=\omega/c_0$ である．$e^{j\omega(t-R/c_0)}$ は放射された電磁波が波源から離れた点 (R) に到達するのに R/c_0 の遅れがあることを示しており，式は遅延ポテンシャル（retarded potential）という．

15.4 電磁波の輻射とアンテナの考え方

今まで電磁波の諸特性について考えてきた．この節では真空中における電磁波の輻射およびアンテナについて考えよう．図 15.7(a) に示すようにコンデンサに変位電流を流しても電界が均質なため発生する磁界が相殺され，電磁波は発生しない．図 15.7(b) のようにコン

デンサの極板を傾けるか，図15.7(c)のように電極を直線に並べると電界が場所によって異なる．そのため，外部空間の電界が位置によっても粗密になる．同様に磁界も位置的によって粗密ができ，電界と共に磁界が発生し，アンテナから電磁波が輻射される．

図15.8に示されるような微少な電気双極子（electric dipole）（長さ Δl）に交流電圧が印可され，電流

$$I = I_0 e^{j\omega t} \tag{15.55}$$

が流れるものとする．

また，Δl は電磁波の波長 λ_0 より十分に短いものと仮定する．この電気双極子には次のような電流 $\mathbf{i}$ が流れたと考えことができる．

$$\mathbf{i} = \mathbf{i}_z I_0 \Delta l \delta(x')\delta(y')\delta(z') \tag{15.56}$$

$\mathbf{i}_z$ は z 方向を表す単位ベクトルであり，δ はデルタ関数である．この電流によって電磁波が輻射される．

式 (15.55) で示される電流による電荷 Q は，式 (9.1) の関係により

$$Q = \int I dt = \int I_0 e^{j\omega t} dt = \frac{I_0}{j\omega} e^{j\omega t} \tag{15.57}$$

となり，周囲に電界の乱れが発生し，電気双極子から電磁波が輻射される．式 (15.56) を (15.54) に代入すれば，ベクトルポテンシャル

$$\mathbf{A} = \mathbf{i}_z \frac{\mu_0}{4\pi} \int_v \frac{I_0 \Delta l}{r} \delta(x')\delta(y')\delta(z') e^{-jk_0 r} dx' dy' dz' \tag{15.58}$$

を得るが，デルタ関数を用いれば

$$\mathbf{A} = \mathbf{i}_z \frac{\mu_0 I_0 \Delta l}{4\pi r} e^{-jk_0 r} \tag{15.59}$$

と書き改めることができる．電気双極子が非常に小さいので輻射され

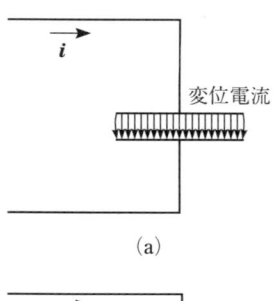

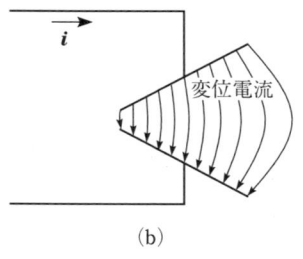

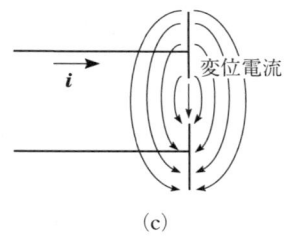

図 15.7 電磁波の発生

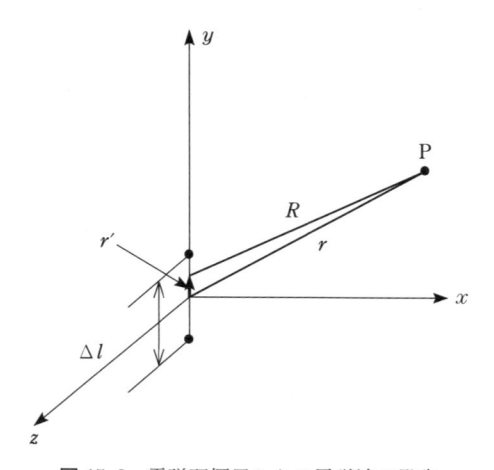

図 15.8 電磁双極子からの電磁波の発生

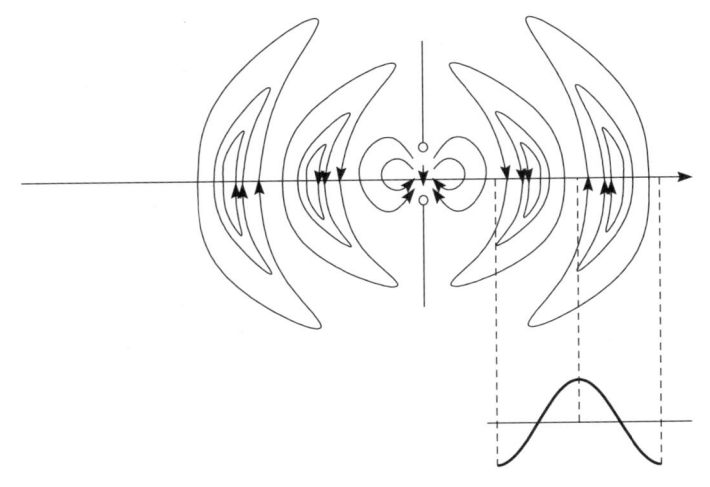

図 15.9 球面波

る電磁波は図 15.9 に示すように球面状となり，球座標を用いると都合がよい．

式 (15.59) を球座標 (r, θ, φ) で書き直すと（2.6 c を参照），

$$\left.\begin{array}{l} A_r = A_z \cos \theta = \dfrac{\mu_0 I_0 \Delta l}{4\pi r} e^{-jk_0 r} \cos \theta \\[4pt] A_\theta = A_z \sin \theta = -\dfrac{\mu_0 I_0 \Delta l}{4\pi r} e^{-jk_0 r} \sin \theta \\[4pt] A_\varphi = 0 \end{array}\right\} \quad (15.60)$$

を得る．

式 (15.53) を球座標で表し，式 (15.60) を代入すると電界および磁界について次の結果が得られる．

$$\boxed{\begin{array}{l} E_r = \dfrac{\mu_0 I_0 \Delta l}{4\pi} e^{-jk_0 r} \left(\dfrac{2Z_0}{r^2} + \dfrac{2}{j\omega\varepsilon_0 r^3}\right) \cos \theta \\[6pt] E_\theta = \dfrac{\mu_0 I_0 \Delta l}{4\pi} e^{-jk_0 r} \left(\dfrac{Z_0}{r^2} + \dfrac{j\omega\mu_0}{r} + \dfrac{2}{j\omega\varepsilon_0 r^3}\right) \sin \theta \\[6pt] E_\varphi = 0 \end{array}}$$

(15.61)

$$\boxed{\begin{array}{l} H_r = 0 \\ H_\theta = 0 \\ H_\varphi = \dfrac{\mu_0 I_0 \Delta l}{4\pi} e^{-jk_0 r} \left(\dfrac{1}{r^2} + \dfrac{jk_0}{r}\right) \sin \theta \end{array}} \quad (15.62)$$

第 14 章で述べたように**電界と磁界は直交しており，右ねじの方向へポインティングベクトルは進んでいく．**また，これらの結果は**距離 r が非常に大きくなると電磁波は平面波として扱ってもよくなる**こと

電気双極子から遠く離れた場所の条件は $k_0 \lambda \gg 1$ である．この条件を式 (15.61) および式

(15.62) に当てはめれば，次のようになる．

$$E_\theta = \frac{jk_0 I_0 \Delta l Z_0}{4\pi r} \sin\theta e^{-jk_0 r}$$

$$H_\varphi = \frac{jk_0 I_0 \Delta l Z_0}{4\pi r} \cos\theta e^{-jk_0 r}$$

$$E_r = E_\varphi = 0, \quad H_r = H_\theta = 0$$

を示している．図 15.10 に x 方向に伝搬する平面電磁波の伝搬の概略図を示す．

ポインティングベクトルを用いて原点に中心をおいた微少な長さ Δl の電気双極子の放射抵抗を求めてみよう．図 15.8 において，Δl は電磁波の波長 λ_0 に比べて十分に短いとする（$\Delta l \ll \lambda_0$）．

電気双極子からの放射電力 P_{rad} は S をポインティング電力として

$$P_{rad} = \int_0^\pi \int_0^{2\pi} R_e(S) \cdot r^2 \sin\theta d\varphi d\theta \qquad (15.63)$$

である（図 15.11）．電気双極子から遠く離れた場所のポインティング電力は

$$P_{rad} = \int_0^\pi \int_0^{2\pi} R_e\left(\frac{1}{2} E_\theta H_\varphi^*\right) r^2 \sin\theta d\varphi d\theta$$

$$= \int_0^\pi \int_0^{2\pi} \frac{1}{2} R_e\left\{\frac{jk_0 I_0 \Delta l Z_0}{4\pi r} \sin\theta e^{-jkr}\right\}$$

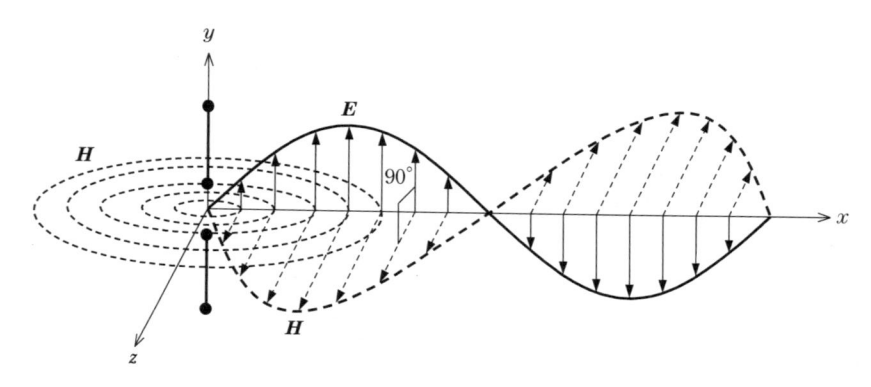

図 15.10 平面電磁波

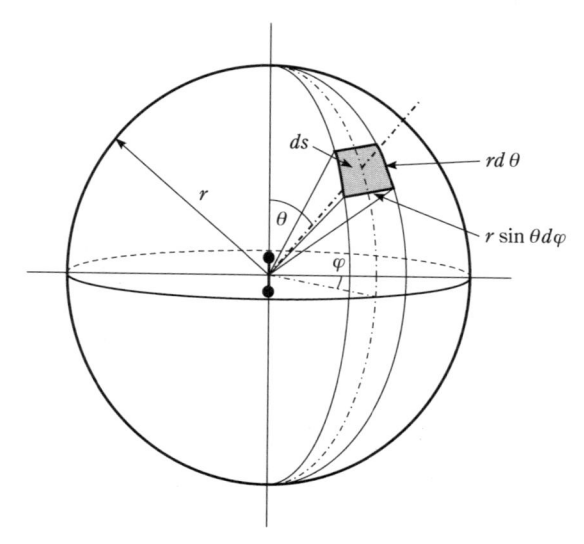

図 15.11 ポインティングベクトル

$$\left\{ \frac{-jk_0 I_0^* \Delta l Z_0}{4\pi r} \cos\theta e^{jkr} \right\} r^2 \sin\theta d\varphi d\theta$$

$$= \frac{k_0^2 |I_0|^2 (\Delta l)^2 Z_0}{16\pi} \frac{4}{3} \tag{15.64}$$

を得る．真空中において，$Z_0 = \sqrt{\mu_0/\varepsilon_0} = \mu_0 c_0 \cong 4\pi \times 10^{-7} \times 3 \times 10^8 = 120\pi$，$k_0 = 2\pi/\lambda_0$ であり，* は共役複素数を示す．したがって，

$$P_{rad} = 40\pi^2 \left(\frac{\Delta l}{\lambda_0}\right)^2 I_0^2 \tag{15.65}$$

を得る．ここで I_0 は振幅であるので実効値 I_e に変換すると $\sqrt{2} I_e = I_0$ である．したがって，

$$P_{rad} = 80\pi^2 \left(\frac{\Delta l}{\lambda_0}\right)^2 I_e^2 = R_{rad} I_e^2 \tag{15.66}$$

を得る．よって，

$$R_{rad} = 80\pi^2 \left(\frac{\Delta l}{\lambda_0}\right)^2 \; [\Omega] \tag{15.67}$$

となる．これが電気双極子の放射抵抗である．

演習問題

15.1 完全導体に y 方向のみに磁界を持った電磁波が入射した場合の反射波を求めよ．

15.2 真空から比誘電率 $\varepsilon_r = 2$ をもった均質な誘電体に平面電磁波が垂直に入射したときの反射係数，透過率を求めよ．

15.3 ホイヘンスの定理を用いて屈折率を求めよ．

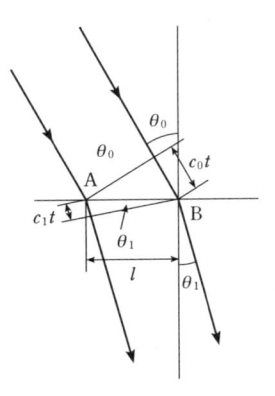

図 15.12 電磁波の屈折

15.4 均質な銅の導電率を $\sigma \cong 6 \times 10^7$ [S/m] とし，周波数 1 [GHz] における表皮の厚さを求めよ．

15.5 電気双極子から放出される電界強度を求めよ．その最大点はいくらか．また，放射パターン（最大値に対する相対強度 $E_r = E_\theta/E_{\max}$）を描け．

演習問題の解答

第2章

2.1 $3\mathbf{i}+5\mathbf{j}+2\mathbf{k}$

2.2 (1) $7\mathbf{i}+2\mathbf{j}-3\mathbf{k}$, (2) $2\sqrt{5}$,
(3) $\dfrac{1}{2\sqrt{5}}(7\mathbf{i}+2\mathbf{j}-3\mathbf{k})$, (4) $\dfrac{1}{\sqrt{6}}$,
(5) $\pm\dfrac{1}{\sqrt{35}}(-5\mathbf{i}+\mathbf{j}+3\mathbf{k})$

2.3 (a) $6\mathbf{i}-\mathbf{j}+8\mathbf{k}$, (b) -5, (c) $3\mathbf{i}+12\mathbf{k}$

2.4 22 [J]

2.5 $-\dfrac{1}{3}$

第3章

3.1 1×10^{-6} [C]

3.2 Q_1 に働く力 $F_1=\dfrac{Q_2(4Q_2+Q_3)}{16\pi\varepsilon_0 a^2}$ [N]
Q_2 に働く力 $F_2=\dfrac{Q_1(Q_3-Q_1)}{4\pi\varepsilon_0 a^2}$ [N]
Q_3 に働く力 $F_3=\dfrac{-Q_3(Q_1+4Q_2)}{16\pi\varepsilon_0 a^2}$ [N]

3.3 $\sqrt{2}$ [m]

3.4 $q=-\dfrac{1+2\sqrt{2}}{4}Q$ [C]

3.5 $\mathbf{F}=-10\mathbf{i}+20\mathbf{j}-20\mathbf{k}$ [N]

第4章

4.1 (1) 0 [V/m], (2) 3.73×10^4 [V/m]

4.2 $\mathbf{E}=(36\times10^4)\mathbf{i}+(27\times10^4)\mathbf{j}$ [V/m],
$E=4.5\times10^5$ [V/m]

4.3 $W=7.2\times10^{-15}$ [J]

4.4 (1) $E_0=0$ [V/m], (2) $E_M=25.76\times10^4$ [V/m],
(3) $W_{0M}=0.012$ [J]

第5章

5.1 $E_{ab}=\dfrac{Q}{4\pi\varepsilon_0 r^2}$ [V/m], $E_{c\infty}=0$ [V/m]

5.2 (1) $Q=\dfrac{4\pi\varepsilon_0 abV}{b-a}$ [C]
(2) $E_{ab}=\dfrac{abV}{(b-a)r^2}$ [V/m]

5.3 (1) $\lambda=\dfrac{2\pi\varepsilon_0 V}{\log_e\dfrac{b}{a}}$ [C/m]
(2) $E_{ab}=\dfrac{V}{\lambda\log_e\dfrac{b}{a}}$ [V/m]

5.4 $u=1.88\times10^7$ [m/s]

5.5 $\rho=\dfrac{\exp\left(-\dfrac{2r}{a}\right)}{\pi a}\left(\dfrac{1}{a}-\dfrac{1}{r}\right)$ [C/m^3]

第6章

6.1 7.08×10^{-4} [F]

6.2 (1) $\varepsilon_0\pi R^2/d$ (2) 4倍 (3) 1/2倍 (4) ε_r倍

6.3 (1) 10^2 [V] (2) 1.77×10^{-11} [F]
(3) 1.77×10^{-9} [C] (4) 8.85×10^{-8} [J]

6.4 (1) 3.0 [μF] (2) 1.5 [μF] (3) 2.5 [V]
(4) 7.5×10^{-6} [C]

第7章

7.1 本書 46〜47ページの記述参照.

7.2 $C=\varepsilon_1 t_1 w/d+\varepsilon_2 t_2 w/d$
2つのコンデンサの並列接続の合成容量に等しい.

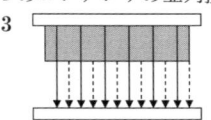

7.3

誘電体中の電界は真空中の半分になる.

7.4 1/3倍 3倍

7.5 (a) の場合: $E_c=E$, $D_c=\varepsilon_0 E_c=\varepsilon_0 E$
(b) の場合: $E_c=\varepsilon_r E$, $D_c=\varepsilon_0\varepsilon_r E$

第8章

8.1 $E=-q/4\pi\varepsilon_0 r$ [V/m]

8.2 $V=-\dfrac{q}{4\pi\varepsilon_0 r}$ [V]

8.3 (1) $V=1.8\times10^2$ [V] (2) 1.04×10^2 [V/m]

8.4 (1) $W=SV^2/2\{(d-t)/\varepsilon_0+t/\varepsilon\}$ [J]
(2) $F=\varepsilon_0 SV^2/2\{(d-t)/\varepsilon_0+t/\varepsilon\}^2$ [N]

第9章

9.1 1/1000倍
$I=envS$ が一定より

9.2 0.5 [A]
$I=dq/dt$ より

9.3 600 [C]

9.4 N^2 倍

9.5 $I=3.7$ [A], $J=2.9\times10^7$ [A/m^2]

9.6 1.0 [m]

9.7 (1) $I_5=\dfrac{(R_2R_3-R_1R_4)V}{R_5(R_1+R_3)(R_2+R_4)+R_1R_3(R_2+R_4)+R_2R_4(R_1+R_3)}$
(2) $R_2R_3-R_1R_4=0$

第10章

10.1 力：$2.532\times10^{-8}\mathbf{k}$ [N],
磁界：$2.532\times10^{-2}\mathbf{k}$ [A/m]

10.2 10.3節参照.

10.3 $m_2=5.06$ [Wb]

10.4 $\mathbf{F}_{31}=2.532\times10^4\mathbf{k}$, $\mathbf{F}_{32}=6.68\times10^3(\mathbf{i}+2\mathbf{k})$
ここで $\mathbf{F}_{31}$：m_1 が m_3 に及ぼす力，$\mathbf{F}_{32}$：m_2 が m_3 に及ぼす力磁界は $m_3=1$ [Wb] として求める．

第 11 章

11.1 nI [A/m]

11.2 $\left(\dfrac{3I}{8a}-\dfrac{I}{4\pi a}\right)$ [A/m]

11.3 円柱の中：$\dfrac{I_0 r}{2\pi a^2}$ [A/m]　円柱外：$\dfrac{I_0}{2\pi r}$ [A/m]

11.4 $\dfrac{NI}{2\pi r}$（r：中心からソレノイド内の距離）[A/m]

第 12 章

12.1 (1) 省略　(2) 直列合成より　5.17×10^{-5} A/Wb
(3) 8000 A　(4) 1.55×10^{-2} Wb

第 13 章

13.1 2×10^{-7} [N]
13.2 2×10^6 [N]
13.3 1 [Wb]
13.4 (1) 0.3 [V]　(2) 0.15 [A]　(3) 0.45 [J]
13.5 導線枠で誘導起電力が発生する箇所は導線に平行な部分．電流が作る磁束密度は $B(r)=\dfrac{\mu_0 I}{2\pi r}$．導線部で発生する誘導起電力は $E=vB(r)a$ より $I=\dfrac{\mu_0 Ivab}{2\pi r(r+b)R}$．

13.6 (1) $\phi(t)=B\pi a^2\sin\omega t$
(2) $V=-\dfrac{d\phi}{dt}=B\pi a^2\omega\cos\omega t$
(3) $I(t)=\dfrac{B\pi a^2\omega}{R}\cos\omega t$
(4) 一回転で発生するエネルギーは
$J=\int_0^T\dfrac{V^2}{R}dt=\dfrac{B^2\pi^3 a^4\omega}{R}$

13.7 (1) ファラデーの単極発電機を調べよ．
(2) ブラシ接点と円盤中心を結ぶ半径 r の微小区間を dr とするとその部分に発生する誘導起電力 de は，$de=Br\omega dr$．円盤全体（半径 a 全体では）で発生する起電力は，
$e\int_0^a de=\dfrac{B\omega a^2}{2}$　したがって　電流は　$I=\dfrac{B\omega a^2}{2R}$．

13.8 0.28 [Wb], 56 [mH]
13.9 自己インダクタンス 0.1 [H], 相互インダクタンス 0.02 [H]．
13.10 円柱ケーブル全体の鎖交磁束は，
$\Phi=\dfrac{\mu I}{2\pi a^4}\int_0^a r^3 dr=\dfrac{\mu I}{8\pi}$（ケーブル 1 m 当たり）．
自己インダクタンスは $\dfrac{\mu}{8\pi}$．

13.11 (1) 各電流のつくる磁束密度を求め合成すると，
$B(r)=\mu_0\left(\dfrac{I}{2\pi r}+\dfrac{I}{2\pi(d-r)}\right)$
(2) $\Phi=\dfrac{\mu_0 I}{2\pi}\int_a^{d-a}\left(\dfrac{1}{r}+\dfrac{1}{d-r}\right)dr=\dfrac{\mu_0 I}{\pi}\ln\dfrac{d-a}{a}$

(3) $\dfrac{\mu_0}{\pi}\ln\dfrac{d-a}{a}$

13.12 0.4 [H], 0.05 [Wb]

第 14 章

14.1 マクスウェルの方程式は
$$rot\ \mathbf{H}=\dfrac{\partial\mathbf{D}}{\partial t} \qquad (14.39)$$
$$rot\ \mathbf{E}=-\dfrac{\partial\mathbf{B}}{\partial t} \qquad (14.40)$$
$$div\ \mathbf{D}=0,\ \ div\ \mathbf{B}=0 \qquad (14.41)$$
となる．ここで，式 (14.39) の両辺の rot をとる．
$$rot\ rot\ \mathbf{H}=rot\dfrac{\partial\mathbf{D}}{\partial t}$$
$$=\varepsilon\dfrac{\partial}{\partial t}rot\ \mathbf{E}$$
また，
$$rot\ rot\ \mathbf{H}=\mathrm{grad}\ div\ \mathbf{H}-\nabla^2\mathbf{H}=-\nabla^2\mathbf{H}$$
$$\therefore div\ \mathbf{B}=\mu\ div\ \mathbf{H}=0$$
となる．式 (14.40) を用いれば，磁界の波動方程式
$$\nabla^2\mathbf{H}=\varepsilon\mu\dfrac{\partial^2\mathbf{H}}{\partial t^2}$$
を得る．

14.2 式の両辺の rot をとり，式 (14.43) を用いて書き換えると，
$$rot\ rot\ \mathbf{H}=-\mu\sigma\dfrac{\partial\mathbf{H}}{\partial t}-\mu\varepsilon\dfrac{\partial^2\mathbf{H}}{\partial t^2}$$
ここで $rot\ rot\ \mathbf{H}=grad\ div\ \mathbf{H}-\nabla^2\mathbf{H}$ である．$div\ \mathbf{H}=0$ とすれば，
$$\nabla^2\mathbf{H}=\mu\sigma\dfrac{\partial\mathbf{H}}{\partial t}+\mu\varepsilon\dfrac{\partial^2\mathbf{H}}{\partial t^2}$$
を得る．また 式 (14.43) の両辺の rot をとり，式 (14.42) を用いて書き直せば，同様に $\nabla^2\mathbf{E}=\mu\sigma\dfrac{\partial\mathbf{E}}{\partial t}+\mu\varepsilon\dfrac{\partial^2\mathbf{E}}{\partial t^2}$ を得る．これらの式は伝導電流，変位電流が同時に存在できる媒質（半導体，海水等）における波動方程式である．

14.3 伝導電流 $|\mathbf{i}|=E_0/\rho$，伝導電流 $|\mathbf{i}_D|=\left|\dfrac{\partial}{\partial t}E_e e^{j\omega t}\right|=\omega\varepsilon_r\varepsilon_0 E_0$ である．
$|\mathbf{i}|=|\mathbf{i}_D|,\ \omega=\dfrac{1}{\varepsilon_r\varepsilon_0\rho}$
$$\therefore f=\dfrac{1}{2\pi\times 11.7\times 8.854\times 10^{-12}\times 2.3\times 10^3}\simeq 667.9\ [\text{KHz}]$$
一般の金属導体の場合，抵抗率は非常に小さいのでこの周波数は非常に高くなり，変位電流は無視できる．

14.4 $rot\ \mathbf{E}=-\mu_0\dfrac{\partial\mathbf{H}}{\partial t}$
$$rot\ \mathbf{E}=\begin{vmatrix}\mathbf{i}_x, & \mathbf{i}_y, & \mathbf{i}_z \\ \dfrac{\partial}{\partial x}, & \dfrac{\partial}{\partial y}, & \dfrac{\partial}{\partial z} \\ E_x, & 0, & 0\end{vmatrix}=\mathbf{i}_y\dfrac{\partial E_x}{\partial z}$$
$$\therefore \dfrac{\partial E_x}{\partial z}=-\mu_0\dfrac{\partial H_y}{\partial t}$$

$$\frac{\partial H}{\partial t}=\frac{1}{\mu_0}jk_0E_0e^{j(\omega t-k_0x)}$$

$$\therefore H_y=\frac{k_0E_0}{\mu_0\omega}e^{j(\omega t-k_0x)} \quad [\text{A/m}]$$

$$P=E_xH_y$$
$$=E_0^2\frac{k_0}{\mu_0\omega}e^{j2(\omega t-k_0x)}=\frac{E_0^2}{Z_0}e^{j2(\omega t-k_0x)} \quad [\text{W/m}^2]$$

第15章

15.1 入射波の磁界を $H_y^{in}=H_0e^{-jk_0x}$ と仮定すれば，入射波の電界は $E_z^{in}=-Z_0H_0e^{-jk_0x}$ となる．反射波は
$$E_z^{ref}=Z_0H_0e^{jk_0x}$$
$$H_y^{ref}=H_0e^{jk_0x}$$
である．

15.2 真空の特性インピーダンスは
$$Z_0=\sqrt{\frac{\mu_0}{\varepsilon_0}}=120\pi$$
である．

また，誘電体の特性インピーダンスは
$$Z_1=\sqrt{\frac{\mu_0}{\varepsilon_r\varepsilon_0}}=\frac{Z_0}{\sqrt{\varepsilon_r}}=\frac{120\pi}{\sqrt{2}}$$
である．

電界，磁界の反射率 R_E, R_H は
$$R_E=\frac{Z_1-Z_0}{Z_1+Z_0}=\frac{\frac{120\pi}{\sqrt{2}}-120\pi}{\frac{120\pi}{\sqrt{2}}+120\pi}=\frac{1-\sqrt{2}}{1+\sqrt{2}}=\frac{(1-\sqrt{2})^2}{1-2}$$
$$=-0.17$$

$$R_H=\frac{Z_0-Z_1}{Z_1+Z_0}=\frac{120\pi-\frac{120\pi}{\sqrt{2}}}{\frac{120\pi}{\sqrt{2}}+120\pi}=\frac{\sqrt{2}-1}{\sqrt{2}+1}=\frac{(\sqrt{2}-1)^2}{2-1}$$
$$=0.17$$

15.3 図15.12において，ホイヘンスの法則を用いて屈折率 n は次のように求めることができる．真空中および誘電体中の電磁波の速度を c_0, c_1 とする．

$$\sin\theta_0=\frac{c_0 t}{\text{AB}}$$
$$\sin\theta_1=\frac{c_1 t}{\text{AB}}$$
$$\therefore \frac{\sin\theta_1}{\sin\theta_0}=\frac{c_1}{c_0}=\frac{1}{\sqrt{\varepsilon_r}}=n$$

15.4 透磁率を真空中と同じ $4\pi\times10^{-7}$ [F/m] と考えると，式(15.37)より $\delta=\sqrt{2/\omega\mu\sigma}$ である．約 $\delta=3.6\times10^{-6}$ [m] となる．可視光領域（0.4〜0.7 m）の波長の数倍である．したがって，電線に沿って流れる電磁波は周波数が高くなれば極表面の薄い層を伝搬していることになる．

15.5 電気双極子から放出される電界強度を求めよ．その最大点はいくらか．また，放射パターン（最大値に対する相対強度 $E_r=E_\theta/E_{max}$）を描け．

$$|E_\theta|=\left|\frac{jk_0I_0\Delta lZ_0}{4\pi r}\sin\theta e^{-jk_0r}\right|$$
$$=\frac{jk_0I_0\Delta lZ_0}{4\pi r}|\sin\theta|$$

となる．また最大点は $\sin\theta=1$ の点である．最大点 E_{max} は
$$E_{max}=\frac{k_0I_0\Delta lZ_0}{4\pi r}=\frac{60\pi I_0\Delta l}{\lambda r} \quad [\text{V/m}]$$

となる．
放射パターン E_r は $E_r=|\sin\theta|$ である．下図にその放射パターンを示す．

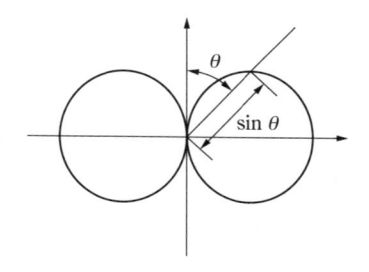

■ さらに知りたい人のための参考文献

1) 金古喜代治：改訂　電気磁気学，学献社（1973）．
2) 藤田廣一：電磁気学ノート，コロナ社（1975）．
3) 村上一郎：精解演習　電磁気学Ⅰ，Ⅱ，広川書店（1976）．
4) 松森徳衛：エレクトロニクスのための電気磁気学例題演習，コロナ社（1977）．
5) パリティ編集委員会編：宇宙・物質・4つの力，丸善（1991）．
6) 篠崎寿夫，松森徳衛，松浦武信：現代工学のためのデルタ関数入門，現代工学社（1992）．
7) 砂川重信：電磁気学の考え方，岩波書店（1993）．
8) 佐藤和紀，若林敏雄：振動・波動・電磁波入門，産業図書（1995）．
9) 小塚洋司：電気磁気学，森北出版社（1998）．
10) 藤城敏幸：電磁気学　基礎と例題，東京教学社（2000）．
11) 山口昌一郎：基礎電気磁気学，電気学会（2002）．
12) D.ハリディ他著，野崎監訳：物理学の基礎　3．電磁気学，培風館（2002）．

索　　引

■ あ 行

アインシュタイン　26
アンペアの周回積分の法則（Ampere's law）　90

位置エネルギー（potential energy）　27
移動度（mobility）　67
E 偏波（E polarized wave）　134

運動エネルギー（kinetic energy）　16, 27

H 偏波（H polarized wave）　134
SI　18
MKS 単位系　18
エルステッド　85
遠心力　22
円偏波（circularly polanzed wave）　130

オイラーの定理（Euler's theorem）　6
オームの法則（Ohm's law）　67, 102

■ か 行

外積　7, 8
回転（rotation）　94
回転力　116
ガウスの定理　31
拡散方程式（diffusion equation）　139
関数（function）　13
慣性（inertia）　16
慣性系（inertia frames）　16

起磁力（magneto motive force）　102
起電力（electromotive force）　66
基本ベクトル（fundamental vector）　7
逆 2 乗の法則（inverse squarelaw）　16
キュリー点（curie point）　99
共役複素数（imaginary conjugate）　6
強磁性体（ferromagnetics）　98
強誘電体　54
虚数単位（imaginary unit）　6
キルヒホッフ　72

キルヒホッフの法則（Kirchhoff's law）　73
屈折の法則（law of refraction）　137
屈折率（index of refraction）　137
クーロン　24
クーロンの法則　24, 78
クーロン力（Coulomb's force）　22

結合係数（coupling factor）　113
原子　22, 23

合成抵抗（combined resistance）　70
交流電流（alternate current）　64
固有インピーダンス（intrinsic impedance）　129
コンデンサ（condenser）　39

■ さ 行

サバール　85
作用力（action force）　16
残留磁界（residual magnetism）　99, 101

磁位（magnetic potential）　79
磁化（magnetization）　98, 99
磁界（magnetic field）　78
磁化率（susceptibility）　100
磁気（magnetism）　21
磁気回路（magnetic circuit）　102
磁気双極子（magnetic dipole）　80
磁気抵抗（magnetic resistance）　102
磁気ヒステリシス損（magnetic hysterisis less）　101
磁気モーメント（magnetic moment）　88, 99
磁気誘導（magnetic induction）　98
磁極（magnetic poles）　77
磁気力（magnetic force）　77
自己インダクタンス（self inductance）　110
仕事（work）　16
CGS 単位系　18
磁性体（magnetic material）　98
自然対数（natural logarithm）　4
磁束（magnetic flux）　83
磁束密度（magnetic flux density）　82

索　引

質量（mass）　16
自由電荷（free electron）　33
自由電子（free electron）　46
重量（weight）　16
重力（gravitational force）　23
ジュール熱（Joule's heat）　69
常磁性体（para-magnetics）　98
常用対数（common logarithm）　4
磁力線（line of magnetic force）　78
磁路（magnetic path）　102
真空の誘電率　24
進行波（progressive wave）（traveling-wave）　127
真電荷（true charge）　47
侵入の深さ（depth of penetration）　140
振幅（amplitude）　128

スカラー（scalar）　7
スカラー積（scalar product）　7
スネルの法則（Snell's law）　137
スピン（spin）　98

正孔（hole）　47
静電エネルギー（electrostatic energy）　60
正電荷（positive charge）　22
静電界（electrostatic field）　27
静電気（electrostatics）　22
静電気力（electrostatic force）　22
静電ポテンシャル（electrostatic potential）　58
静電誘導（electrostatic induction）　22, 34, 46
積分（integral）　14
絶縁体（insulator）　22, 40, 46
接線　32

相互インダクタンス（mutual inductance）　112
ソレノイドコイル（solenoid coil）　88

■　た　行

帯電（electrification）　22
多数キャリア（majority carrier）　47
縦波（longitudinal wave）　17
単位法線ベクトル（normal vector）　8

遅延ポテンシャル（retarded potential）　143
超伝導　68
直流電流（direct current）　64
直列接続（series connection）　42, 70

抵抗　68
抵抗率（resistivity）　67
定常電流（stationary current）　64
電圧（voltage）　58
電位（electric potential）　29, 57

電位差（potential difference）　58
電荷（charge）　22
　　――の保存則（low of conservation of charge）　23
電界（electric field）　27
電気（electricity）　22
電気感受率（electric susceptibility）　49
電気素量（elementary quantum of electricity）　22
電気抵抗（electric resistance）　68
電気伝導性（electrical conduction）　21
電気伝導率（electric conductivity）　67
電気変位（electric displacement）　50
電気容量（capacitance）　40
電極板（electrode plate）　39
電気力線（line of electric force）　31
電源　66
電子　22, 47
電磁誘導（electromagnetic induction）　104
電束線（line of electric flux）　51
電束電流　124
電束密度（electric displacement, dielectric flux density）　123
電束密度（electric flux density）　50
伝導電流（conduction current）　124
伝導率（conductivity）　67
電場　27
電流（electric current）　64
電力（electric power）　69
電力量（electric energy）　69

透過係数（transmission coefficient）　136
導体（conductor）　22, 33, 46
等電位面（equipotential surface）　62
特性インピーダンス（characteristic impedance）　129
トルク　116

■　な　行

内積　7

2階の同次線形微分方程式　15
2階の非同次線形微分方程式　15
ニュートン　23

熱運動　67
熱伝導方程式（equation of heat conduction）　139

■　は　行

場（field）　26
波数（wave number）　128
波長（wave length）　128
発散（divergence）　32
波動関数　17
波動方程式（wave equation）　125

反作用力（reaction force）16
反磁性体（diamagnetics）98
反射係数（reflection coefficient）136
反射の法則（law of reflection）136
反射波（reflected wave）127
半導体（semiconductor）22，46
万有引力の法則（universal law of gravitation）23

ビオ 85
ビオ・サバールの法則 85
ヒステリシス現象（hysterisis）101
比抵抗（specific resistance）67
比透磁率（relative permeablity）100
微分（differential）9，13
微分方程式 15
比誘電率（relative dielectric constant）47
表皮効果（skin effect）140
表皮抵抗（skin resistance）140
表皮の厚さ（skin depth）140

ファラデー 40
複素数（complex number）6
負電荷（negative charge）22
不導体（insulator）46
フレミングの左手則（Fleming's left-hand rule）116
フレミングの右手則（Fleming's right-hand rule）108
分極電荷（electric polarization charge）47
分極ベクトル（polarization vector）49
分子 23

平面波（plane wave）127
並列接続（parallel connection）42，70
ベクトル（vector）7
ベクトル積 8
ベクトルポテンシャル（vector potential）95

ヘルツ 124
変位電流（displacement current）124
偏微分（partial differential）9

ボーア 22
ポアソンの方程式（Poisson's equation）37
ポインティングベクトル 131
保磁力（coercive force）101
保存的（conservative）58
保存力（conservative force）29

■ ま 行

マクスウェル 122
　——の方程式（Maxwell equation）106，124
マルコーニ 124

■ や 行

誘電体（dielectrics）47
誘電分極（dielectric polarization）46
誘電率（dielectric constant）47，48
誘導起電力（induced electromotive force）104
誘導電流（induced current）104

陽子 22
横波（transverse wave）17

■ ら 行

ラプラスの方程式（Laplace's equation）37

立体角 5

レンツの法則（Lenz's law）105

ローレンツの条件（Lorentz condition）142
ローレンツ力（Lorentz force）107

著者略歴

さ とう かず のり
佐 藤 和 紀

1940年　東京都に生まれる
1969年　東海大学大学院工学研究科博士課程修了
現　在　東海大学情報理工学部教授
　　　　工学博士

こう たき みのる
上 瀧　實

1946年　東京都に生まれる
1971年　電気通信大学大学院電気通信研究科修士課程修了
現　在　北海道東海大学工学部情報システム学科教授
　　　　工学博士

かな い のり かね
金 井 德 兼

1963年　福井県に生まれる
1988年　福井工業大学大学院工学研究科修士課程修了
現　在　神奈川工科大学工学部電気電子情報工学科教授
　　　　博士（工学）

おお やま りゅう いち ろう
大 山 龍 一 郎

1964年　新潟県に生まれる
1991年　東海大学大学院工学研究科博士課程修了
現　在　東海大学工学部電気電子工学科教授
　　　　工学博士

はる な かつ じ
春 名 勝 次

1944年　東京都に生まれる
1975年　玉川大学大学院工学研究科博士課程修了
現　在　玉川大学工学部知能情報システム学科教授
　　　　工学博士

たかばたけ のぶ や
髙 畠 信 也

1947年　岡山県に生まれる
1972年　東海大学海洋学部海洋工学科卒業
現　在　神奈川工科大学工学部電気電子情報工学科講師
　　　　博士（工学）

基礎がわかる電気磁気学　　　　定価はカバーに表示

2006年9月10日　初版第1刷

著　者　佐　藤　和　紀
　　　　大　山　龍　一　郎
　　　　上　瀧　　　實
　　　　春　名　勝　次
　　　　金　井　德　兼
　　　　髙　畠　信　也
発行者　朝　倉　邦　造
発行所　株式会社　朝倉書店
　　　　東京都新宿区新小川町 6-29
　　　　郵便番号　162-8707
　　　　電　話　03(3260)0141
　　　　FAX　03(3260)0180
　　　　http://www.asakura.co.jp

〈検印省略〉

© 2006　〈無断複写・転載を禁ず〉　　新日本印刷・渡辺製本

ISBN 4-254-22043-X　C 3054　　Printed in Japan

熊本大 奥野洋一・中大 小林一哉著
入門電気・電子工学シリーズ1

入門電気磁気学

22811-2 C3354　　A5判 272頁 本体3200円

クーロンの法則に始まり，マクスウエルの方程式まで，基礎的な事項をていねいに解説。〔内容〕静電界の基本法則／導体系と誘電体／定常電流の界／定常電流による磁界／電磁誘導とマクスウエルの方程式／電磁波／付録：ベクトル公式

元大阪府大 沢新之輔・摂南大 小川英一・愛媛大 小野和雄著
エース電気・電子・情報工学シリーズ

エース電磁気学

22741-8 C3354　　A5判 232頁 本体3400円

演習問題と詳解を備えた初学者用大好評教科書。〔内容〕電磁気学序説／真空中の静電界／導体系／誘電体／静電界の解法／電流，真空中の静磁界／磁性体と静磁界／電磁誘導／マクスウェルの方程式と電磁波／付録：ベクトル演算，立体角

静岡理科大 志村史夫監修　静岡理科大 小林久理眞著
〈したしむ物理工学〉

したしむ電磁気

22762-0 C3355　　A5判 160頁 本体3200円

電磁気学の土台となる骨格部分をていねいに説明し，数式のもつ意味を明解にすることを目的。〔内容〕力学の概念と電磁気学／数式を使わない電磁気学の概要／電磁気学を表現するための数学的道具／数学的表現も用いた電磁気学／応用／まとめ

東北大 大沼俊朗著

最新電気磁気学

22029-4 C3054　　A5判 128頁 本体2000円

電気通信，宇宙開発・マイクロ素子薄膜，高温超伝導応用といった最新の発展分野を包含した工学部学生向けの平易な教科書。〔内容〕電気磁気学の基礎／電気現象の基礎／磁気現象の基礎／電磁光波工学／プラズマ電磁工学／超伝導電磁工学

戸田盛和著
物理学30講シリーズ6

電磁気学30講

13636-6 C3342　　A5判 216頁 本体3800円

〔内容〕電荷と静電場／電場と電位／電荷に働く力／磁場とローレンツ力／磁場の中の運動／電気力線の応力／電磁場のエネルギー／物質中の電磁場／分極の具体例／光と電磁波／反射と透過／電磁波の散乱／種々のゲージ／ラグランジュ形式／他

前上智大 笠　耐・京都女子高 笠　潤平訳

物理ポケットブック

13095-3 C3042　　A5判 388頁 本体5800円

物理の基本概念—力学，熱力学，電磁気学，波と光，物性，宇宙—を1項目1頁で解説。法則や公式が簡潔にまとめられ，図面も豊富な板書スタイル。備忘録や再入門書としても重宝する，物理系・工学系の学生・教師必携のハンドブック

理科大 鈴木増雄・大学評価・学位授与機構 荒船次郎・東大 和達三樹編

物理学大事典

13094-5 C3542　　B5判 896頁 本体36000円

物理学の基礎から最先端までを視野に，日本の関連研究者の総力をあげて1冊の本として体系的解説をなした金字塔。21世紀における現代物理学の課題と情報・エネルギーなど他領域への関連も含めて歴史的展開を追いながら明快に提起。〔内容〕力学／電磁気学／量子力学／熱・統計力学／連続体力学／相対性理論／場の理論／素粒子／原子核／原子・分子／固体／凝縮系／相転移／量子光学／高分子／流体・プラズマ／宇宙／非線形／情報と計算物理／生命／物質／エネルギーと環境

日本物理学会編

物理データ事典

13088-0 C3542　　B5判 600頁 本体25000円

物理の全領域を網羅したコンパクトで使いやすいデータ集。応用も重視し実験・測定には必携の書。〔内容〕単位・定数・標準／素粒子・宇宙線・宇宙論／原子核・原子・放射線／分子／古典物性(力学量，熱物性量，電磁気・光，燃焼，水，低温の窒素・酸素，高分子，液晶)／量子物性(結晶・格子，電荷と電子，超伝導，磁性，光，ヘリウム)／生物物理／地球物理・天文・プラズマ(地球と太陽系，元素組成，恒星，銀河と銀河団，プラズマ)／デバイス・機器(加速器，測定器，実験技術，光源)他

前東工大 森泉豊栄・東工大 岩本光正・東工大 小田俊理・日大 山本　寛・拓殖大 川名明夫編

電子物性・材料の事典

22150-9 C3555　　A5判 696頁 本体23000円

現代の情報化社会を支える電子機器は物性の基礎の上に材料やデバイスが発展している。本書は機械系・バイオ系にも視点を広げながら"材料の説明だけでなく，その機能をいかに引き出すか"という観点で記述する総合事典。〔内容〕基礎物性(電子輸送・光物性・磁性・熱物性・物質の性質)／評価・作製技術／電子デバイス／光デバイス／磁性・スピンデバイス／超伝導デバイス／有機・分子デバイス／バイオ・ケミカルデバイス／熱電デバイス／電気機械デバイス／電気化学デバイス

上記価格(税別)は2006年8月現在